神舟8号　2011年11月1日5时58分，神舟8号无人飞船发射成功，11月3日，与天宫1号进行了自动交会对接，11月17日19时许返回地面，标志着我国突破空间交会对接技术。

神舟9号　2012年6月16日18时37分，景海鹏、刘旺、刘洋驾驶神舟9号飞船飞向太空，执行与天宫1号载人交会对接任务，并于6月29日10时返回地面，突破了手动交会对接技术。

神舟10号　2013年6月11日17时38分，聂海胜、张晓光、王亚平驾驶神舟10号飞船进入太空，再次与天宫1号进行载人交会对接，进行了首次太空授课，于6月26日8时7分返回地面。标志着我国已经拥有了一个可以实际应用的天地往返运输系统。

神舟5号航天员

杨利伟　辽宁绥中人，1965年6月出生，现任中国载人航天工程办公室副主任，特级航天员，少将。2003年10月15日，乘坐神舟5号飞船进入太空，是中国飞天第一人，被授予"航天英雄"称号。

神舟7号航

神舟6号航天员

费俊龙　江苏昆山人，1966年5月出生，现为中国人民解放军航天员大队大队长，特级航天员，少将。2005年10月，执行神舟6号载人航天飞行任务，被授予"英雄航天员"称号。

聂海胜　湖北枣阳人，1964年9月出生，现为中国人民解放军航天员大队特级航天员，少将。2005年10月，执行神舟6号载人航天飞行任务，被授予"英雄航天员"称号。

翟志刚 黑龙江龙江人，1966年10月出生，现为中国人民解放军航天员大队特级航天员，大校。2008年9月，执行神舟7号载人航天飞行任务，担任指令长，是中国出舱活动第一人，被授予"航天英雄"称号。

景海鹏 201
载人航天飞行
成为第一位重

刘伯明 黑龙江依安人，1966年9月出生，现为中国人民解放军航天员大队特级航天员，大校。2008年9月，执行神舟7号载人航天飞行任务，被授予"英雄航天员"称号。

刘 旺 山西
生，现为中国
队特级航天员
执行神舟9号
责手动交会对
员"称号。

景海鹏 山西运城人，1966年10月出生，现为中国人民解放军航天员大队特级航天员，大校。2008年9月，执行神舟7号载人航天飞行任务，被授予"英雄航天员"称号。

刘 洋 河南
生，现为中国
二级航天员，
行神舟9号载人
国第一位女航
天员"称号。

中国飞天航天员群体

神舟5号 2003年10月15日9时，神舟5号载人飞船发射成功，杨利伟翱翔太空21小时，于10月16日6时23分安全返回地面，实现了中华民族的千年飞天梦。中国成为世界上第三个独立掌握载人航天技术的国家。

神舟6号 2005年10月12日9时，费俊龙和聂海胜乘坐神舟6号飞船飞向太空，在太空飞行近5天，于10月17日4时33分返回地面，首次实现了多人多天飞行，完成了真正意义上有人参与的空间科学试验。

神舟7号 2008年9月25日21时10分，翟志刚、刘伯明、景海鹏驾乘神舟7号飞船出征太空，历时2天20小时27分，于9月28日17时37分返回地面。在此次飞行任务中，翟志刚进行了出舱活动，使中国成为世界上第三个掌握空间出舱活动技术的国家。

天宫1号 2011年9月29日21时16分，天宫1号发射成功，拉开了中国载人空间站建设的大幕。

中国载人航天发射历程

神舟1号　1999年11月20日6时30分，神舟1号无人飞船发射成功，在太空运行21小时11分钟，于11月21日3时41分返回地面。首次无人飞行试验取得圆满成功，拉开了中国载人航天工程的序幕。

神舟2号　2001年1月10日1时，神舟2号无人飞船发射成功，并在太空飞行6天18小时，于1月16日19时22分返回地面。神舟2号是我国第一艘正样飞船，标志着飞船研制取得重大进展。

神舟3号　2002年3月25日22时15分，神舟3号无人飞船发射成功，在太空遨游6天18小时，于4月1日16时51分返回地面。这是飞船按照载人状态进行的第一次飞行试验，标志着我国向载人航天迈出了重要一步。

神舟4号　2002年12月30日0时40分，神舟4号无人飞船发射成功，在太空飞行6天18小时，于2003年1月5日19时16分返回地面。这是神舟号飞船载人飞行前的最后一次"彩排"，为我国载人飞行奠定了坚实的基础。

年6月，执行神舟9号
行任务，担任指令长，
返太空的中国人。

神舟10号航天员

聂海胜　2013年6月，再次进入太空，执行神舟10号载人航天飞行任务，担任指令长，成为中国人民解放军第一位进入太空的将军。

平遥人，1969年3月出
人民解放军航天员大
，大校。2012年6月，
载人航天飞行任务，负
接，被授予"英雄航天

张晓光　辽宁锦州人，1966年5月出生，现为中国人民解放军航天员大队二级航天员，大校。2013年6月，执行神舟10号载人航天飞行任务。

林州人，1978年10月出
人民解放军航天员大队
少校。2012年6月，执
航天飞行任务，成为我
天员，被授予"英雄航

王亚平，山东烟台人，1980年1月出生，现为中国人民解放军航天员大队四级航天员，少校。2013年6月，执行神舟10号载人航天飞行任务，并为青少年举办太空科普讲座。

中国航天基金会资助出版　　　　顾问　王永志　周建平

中华民族的航天梦
——载人航天知识问答

中国载人航天工程办公室　组织编写

中国宇航出版社
·北京·

图书在版编目（ＣＩＰ）数据

　　中华民族的航天梦：载人航天知识问答 / 中国载人
航天工程办公室组织编写. -- 北京：中国宇航出版社，
2013.6
　　ISBN 978-7-5159-0442-9

　　Ⅰ．①中… Ⅱ．①中… Ⅲ．①载人航天—问题解答
Ⅳ．①V4-49

　　中国版本图书馆CIP数据核字(2013)第137124号

策划编辑	邓宁丰	**装帧设计**	盛世纳唐
责任编辑	张铁钧　王立莉	**责任校对**	王　妍

**出版
发行　中国宇航出版社**

社　址	北京市阜成路 8 号　　　**邮　编**　100830
	（010）68768548
网　址	www.caphbook.com
经　销	新华书店
发行部	（010）68371900　　　　（010）88530478（传真）
	（010）68768541　　　　（010）68767294（传真）
零售店	读者服务部　　　　　　　北京宇航文苑
	（010）68371105　　　　（010）62529336
承　印	北京画中画印刷有限公司
版　次	2013 年 6 月第 1 版　　　2013 年 6 月第 1 次印刷
规　格	880 x 1230　　　　　　　**开　本**　1 / 32
印　张	6.25　**插　页** 2面　　　**字　数**　148 千字
书　号	ISBN 978-7-5159-0442-9
定　价	28.00 元

前　言

　　1992 年 9 月 21 日，中国政府正式批准载人航天工程立项，吹响了向载人航天进军的号角，实现中华民族千年飞天梦想的浩大工程由此拉开序幕。

　　20 多年来，广大航天工作者团结一心、群策群力、锐意创新、拼搏奉献，突破一大批拥有自主知识产权的核心关键技术，先后成功发射 10 艘神舟号飞船和 1 个空间实验室，实现了从无人飞行到载人飞行、从一人一天到多人多天、从舱内实验到出舱活动、从单船飞行到入住天宫等重大跨越，使我国成为世界上第三个能够独立开展载人航天活动的国家，在载人航天高技术领域占有了重要一席。

　　为了向广大读者普及载人航天科技知识，中国载人航天工程办公室在神舟 7 号发射之际，组织专家编写了一套高级科普读物——《中国载人航天科普丛书》（以下简称《丛书》），于 2011 年 6 月出版发行，获得了第二届中国科普作家协会优秀科普作品奖优秀奖和第四届中华优秀出版物奖提名奖。

　　根据中国载人航天工程的最新进展，中国载人航天工程办公室又组织有关专家，以这套《丛书》为基础，提炼出典型知识点，并结合天宫 1 号、神舟 8 号、神舟 9 号和神舟 10 号相继发射以及空间交会对接任务的实施情况，编辑出版一部兼具知识性和趣味性的初中级科普读物——《中华民族的航天梦》，奉献给广大青少年读者。

本书主要内容选自《丛书》的各个分卷，部分内容选自《神舟巡天》《太空行走》和《揭秘"天官"》等科普图书，并作了适当修改，根据工程进展，增补了空间实验室的相关内容。在本书编写过程中，得到了中国载人航天工程首任总设计师、高级技术顾问王永志院士和现任总设计师周建平研究员的具体指导。书稿完成后，中国空间技术研究院李颐黎研究员对全稿进行了审阅，并提出了宝贵的修改意见。在本书出版过程中，得到了中国航天基金会的大力支持。在此，对各位领导、作者和专家的大力支持和辛勤劳动一并表示衷心的感谢。

希望广大航天爱好者和青少年朋友喜欢这本科普读物，并对书中的不当之处提出宝贵意见。

编　者
2013 年 6 月

目　录

第1章　载人航天相关知识

第2章　中国载人航天工程总体

第5章 载人飞船系统

第6章 空间实验室系统

第 7 章　运载火箭系统

第 8 章　发射场系统

第 9 章 测控通信系统

第 10 章 着陆场系统

第11章 载人航天未来展望

参考文献

第1章
载人航天相关知识

❶ 宇宙究竟有多大？

研究天体上发生了什么，首先要知道它有多大，离我们有多远？要回答这个问题，应该先知道科学家量天的"尺子"。宇宙是指所有的空间和时间。中国古人将空间和时间结合在一起，用"上下四方谓之宇，古往今来谓之宙"来对其进行表述。现代科学中，恒星间的距离是用光年来度量的。我们知道，光在真空中传播速度是30万千米／秒，一年有365天，共计31 536 000秒。光在一年时间中走过的距离为94 608亿千米，天文学家把它简称为一光年。

人类认知的宇宙究竟有多大，让我们由近及远地考察一下。

太阳是离我们最近的恒星，太阳光从太阳发出来到达地球，按照光速传播，需要8分多钟的时间。图1所示是太阳系所在的银河系，有相当于1 000亿个太阳质量的总质量。银河系像一个漩涡状的扁盘，光从扁盘的中心到同样在扁盘上的太阳系，要走28 000年，银心距离我们就是28 000光年。银河系是一个星系，离我们最近的另一个星系叫大麦哲伦星云LMC（图2），距离我们有16万光年，而最近的另一个像银河系的旋涡星系M31（图3），距离我们有236万光年。

图1　银河系

图 3　旋涡星系 M31

图 2　大麦哲伦星云 LMC

宇宙中物质的分布是不均匀的，有很多"空"的地方。一些星系距离较近，因为引力而聚合在一起，形成一个个"星系团"，或者叫"星系群"。离银河系所在的星系团最近的一个星系团，叫做室女座星系团，包含 2 500 个星系，距离我们 5 000 万光年。若干个星系团聚合在一起组成超星系团，超星系团包含的物质相当于几亿亿倍的太阳质量，即相当于太阳质量的 $10^{15} \sim 10^{17}$ 倍。我们经常讲宇宙是广阔无垠的，然而我们认知的宇宙（又可称为总星系）总是有限的，现在知道的宇宙，其大小约为 120 ～ 150 亿光年。换句话说，如果我们看到了来自宇宙最远处发出来的光，那就是 120 亿年前产生的。

② 空间真是空的吗？

空间的概念，对每个人来讲都是既熟悉又模糊，似乎很难有一个统一的认识。

《中国现代科学全书》根据汉语字义解释说，"空间"是指"中无所有之处"，泛指"天空"。显然，这个定义在这里需要进行修正。

如果空间是"中无所有"，那么就谈不上利用。现代航天活动已经用事实说明"空间不空"，空间充满着如今人类认识和未认识的，有形的和无形的物质和现象（右图）。这些物质和现象直接影响着地球人类的生存，也是可以为地球人类所利用的资源财富。

围绕地球的大气层是由氮、氧、少量水汽，以及微量惰性气体氩、氖，微量二氧化碳、臭氧和硫、碳、氮的各种化合物质等组成的。大气

变化万千的空间其实并不空

层外的太空，即使是广阔的宇宙空间，虽然那里是高度真空，但仍然弥散着氢和氢原子，以及各种物质形态的星系、恒星、行星和特殊天体，宇宙空间中还弥漫着宇宙尘埃和看不见的各种宇宙射线，有地球上无法获得的自然现象和极端条件。现代天文学和宇宙学预测，组成宇宙的物质大部分是暗物质和暗能量……这些都说明了空间不空。

③ 宇宙中存在暗物质吗?

科学家认为,在整个宇宙中,暗能量占73%,暗物质占23%;发光物质恒星和发光气体等只占0.4%;不可见的普通物质如星系际气体、中微子、超重黑洞等占3.6%。至今还没有人真正探测到暗物质,甚至连探测的方法也还是一个正在研究的问题。但是对星系的大量观测事实和基于引力理论的分析,支持了这一观点。如果这一理论得到直接观测验证,如果暗能量、暗物质能够提取出来为人类利用(现在还没有任何理论支持这一设想),那么世界还存在能源危机之说吗?

这近乎于幻想。这一问题如果得到解答,将揭示出宇宙的形成与演化、生命的起源与进化,乃至宇宙未来的变迁等众多科学之谜。

诺贝尔物理学奖获得者、美籍华裔科学家丁肇中在空间站上进行的反物质探测研究(AMS),被称为当代物理学研究的前沿,中国科学家也参与了其中的工作。中国科学家正在酝酿在我国今后的空间站上开展暗物质、暗能量研究。如果有一天中国科学家能够探测到暗物质,将大大改变人类对世界、对浩瀚宇宙的认识。

❹ 载人航天的目的是什么？

开展载人航天活动绝不只是为了欣赏天上的美景，而是要进一步探索宇宙奥秘，更好地开发太空资源，从而为人类造福。

海阔凭鱼跃，天高任鸟飞。人类一直在不断努力扩展自身的活动空间，其活动范围经历了从陆地到海洋，从海洋到大气层空间，再从大气层空间到太空的逐步发展过程。人类活动范围的每一次扩展，都是一次伟大的飞跃，增强了人类认识和改造自然的能力，促进了生产力和社会的发展。

距地面 100 千米以上的太空是陆地、海洋和大气层之外的空间，那里有很多地球上所缺乏的资源，包括太阳能、强辐射、高洁净、高真空、微重力、大温差、高远位置，以及月球、行星、小行星上的稀有矿藏等，开发这些资源对人类的发展具有重要意义。图 1 为太阳系的八大行星。

图 1 太阳系的八大行星

太阳每秒钟将 81 万亿千瓦的热能送到地球，相当于现今全世界每秒发电量的数万倍，因此，太阳是一个极其巨大的洁净能源宝库，充分利用太阳能前途无量。由于不受大气层的影响，地球轨道上的太阳辐射强度是地面的 2 倍，达到 1.4

千瓦／米^2，所以在太空开发太阳能资源效率非常高。目前，航天器上的太阳能发电仅供航天器本身使用。随着地球能源的日趋紧张，一些国家已开始把建造太空发电站作为一种新的战略选择。初步设想是：太空发电站先把太阳的光能高效率地转变成电能，然后再通过微波或激光把电能发往地面。

太空中的宇宙辐射强度比地面大得多，并且是全谱段的，这一资源是非常宝贵的。比如，大家熟知的太空育种，就是利用空间宇宙射线、交变磁场、微重力等特殊的太空环境因素对种子施加影响，使农作物种子产生在地面环境中得不到的变异，最终筛选出有着优异变异性能的农作物新品种。

在 200～500 千米高的低轨道空间，真空度为 10^{-4} 帕，而在 35 800 千米高的地球静止轨道上，真空度则为 10^{-11} 帕。太空中的真空环境是地面人为的真空条件无法比拟的，十分有利于高纯度材料加工、蛋白质提取、药品研制等。在太空高真空环境中，物体被太阳直射的一面可以达到 100℃以上的高温，而阴面则可以保持 − 100℃以下的低温，两者之间形成了很大的温差，而且非常稳定。这一特殊资源恰好是某些特殊应用梦寐以求的。

利用航天器的飞行，还可派生出轨道资源和微重力资源等。自从航天器问世后，科学家们首先想到的就是利用太空的轨道资源，因为站得高、看得远。站在珠穆朗玛峰上，能看到 0.07% 的地球表面；在离地面 200 千米高的轨道上，可以看到 1.5% 的地球表面；在距地面 35 800 千米高的地球静止轨道上，则可以观察到 42% 的地球表面。利用高远位置这一有利条件，可进行遥感、通信、导航等。为此，旨在开发太空轨道资源的各种航天器竞相升空。在太空"制高点"上不仅可观地，也能望天，在那里进行天文观测不受大气层的影响，使全波段天文观测变得轻而易举。图2为航天员在轨道上对舱外进行拍摄。

图2　航天员在轨道上对舱外进行拍摄

微重力（加速度小于$10^{-4}g$，$g=9.8$米／秒^2）环境是一种宝贵资源，人类用这种资源已进行了地面上难以实施的科学实验（如微生物、细胞、蛋白质晶体的生长、培养与分离）、新材料加工和药物制取等。因为在微重力条件下，气体和液体的热对流基本消失，不同密度物质的分层和沉积消失，即密度不同的液体可以相容在一起。这对生产极纯的化学物质、生物制剂、特效药

品，以及均匀的金属基质复合材料、玻璃和陶瓷等都很有用。由于重力微弱，在太空冶炼金属时可以不使用容器，即采用悬浮冶炼，因而冶炼温度可以不受容器耐热能力的限制，也可以避免容器壁的污染和非均匀成核结晶，改善合金的金相组织，提高金属的强度。图3为在地面（左）和在太空微重力环境（右）中的蜡烛火焰比较。

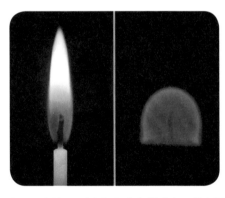

图3　在地面（左）和在太空微重力环境（右）中的蜡烛火焰比较

太空还是一种旅游资源。人在太空可以欣赏美丽的地球和宇宙景色，体验微重力带来的奇妙的飘浮感觉。

尽管目前每人每次太空旅游的费用高达几千万美元，但截至2009年9月，已有7名太空游客上天，其中Word软件之父西蒙尼（图4）还曾"二进宫"。现在，美国准备打造太空旅馆，并已发射了2个充气式试验舱，而俄罗斯则筹划太空行走旅游和月球旅游。

离地球最近的月球上有丰富的氧、硅、铁、镁、钙、铝、钛、锰等元素，还有地球上稀缺的理想核聚变发电原料——氦-3，有些科学家认为，开发月球上的氦-3是化解人类能源危机的可能途径之一。另外，月球上无大气，具有黑夜和低温时间长等有利的环境条件，是理想的科学研究和天文观测基地。今后，人类还可以开发小行星和彗星上的资源。金属型小行星上有丰富的铁、镍等金属，有的还富含金、铂等贵金属和珍贵的稀土元素；彗星上则有丰富的水冰。这些资源既可供地球上使用，也能用于在太空建设航天港和太空城。

图4　两上太空的游客西蒙尼

⑤ 载人航天为什么这样难？

现在，已有不少国家能够自行研制火箭和人造卫星，但掌握载人航天技术的国家却寥寥无几。其中的主要原因是太空环境非常严酷，要确保人在这种环境下的正常生活与工作是极其困难的。虽然太空的高真空、高洁净、强辐射等环境对太空育种、材料加工等具有重要作用，是宝贵资源，但人暴露在太空环境中，将面临失压、缺氧、高低温和辐射损伤四大危险，所以必须采取一系列复杂措施，才能安全地进行载人航天活动。

太空是一个强辐射环境，例如，银河系有银河宇宙线辐射，太阳有太阳电磁辐射、太阳宇宙线辐射（太阳耀斑爆发时向外发射的高能粒子）和太阳风（由太阳日冕吹出的高能等离子体流）等（图1）。许多天体都有磁场，磁场俘获上述高能带电粒子，会形成辐射性很强的辐射带，如在地球的上空就有内外两个辐射带，其中内辐射带对载人航天

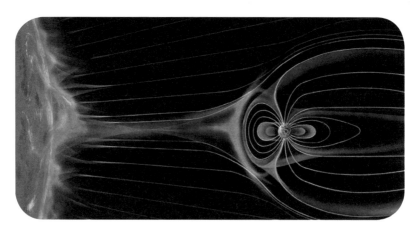

图1 日地空间辐射环境

的影响较大。太空中存在的这些看不见、摸不着的各种射线和高能粒子对人类是有害的，能穿透普通的衣服，深入人体。若超过人体耐受空间辐射剂量的上限，就会影响消化系统，损伤视网膜神经和脑神经，引起内脏器官病变，甚至致人于死地；若辐射剂量小，但照射时间长，累计效果也将导致寿命明显缩短。

为此，绕地飞行的载人航天器轨道高度一般在 300～500 千米，因为如果再高将进入或接近地球辐射带，那里的高能粒子能穿透航天器，对航天员造成伤害。而轨道高度若低于 300 千米，则稀薄大气阻力明显增加，需要消耗大量的推进剂来维持轨道运行。

由于太空是一个高真空环境，300～400 千米高度处的大气压力为地面的百亿分之一，而人类一直生活在地球大气的底部，身体的内外都受到大气压力的作用，身体内部的器官和组织都充满空气，所以，人一旦进入太空，如果没有与地面生活相适应的压力环境，身体外部的大气压力急剧降低，体内的空气会迅速膨胀，溶解在血液中的氮气就会分离出来，形成气泡，阻塞血管，或因内脏、器官的胀裂而丧命。另外，太空有高速运动的尘埃、微流星体和流星体以及太空垃圾，它们具有极大的动能，这也会给人体带来致命的伤害。

除遇到上述自然环境外，在太空飞行的航天器还有一些独特的诱导环境，即在太空环境作用下航天器某些系统工作时产生的环境。比如，航天器绕地球飞行时，由于没有空气的对流和扩散作用，在太阳光照射下，航天器向阳的外表面可产生 100℃ 以上的高温，在飞行到见不到太阳光的地球阴影区时，热量会很快散发到寒冷的宇宙空间，温度会迅速下降到 -100℃ 以下。在航天器发射段，火箭加速度会使航天器上的一切物体产生巨大的超重，航天员要经受 4～5 倍于地球表面重力的超重过载。在重返大气层时，一方面，由于空气动力产生的负加速度，使航天员要经受 3～4 倍于地球表面重力的超重过载；另一方面，由于航天器表面与周围空气的急剧摩擦，导致其表面温度极高。在上述这些极端特殊的环境中，如果没有防护措施，人是不能生存的。

长期失重可导致航天员出现多种生理、病理现象，主要表现为心血管功能障碍、骨质（钙）丢失、免疫功能下降、肌肉萎缩、内分泌机能紊乱、工作能力下降等。

所以，人要上天很难，必须乘坐专门设计、与外界隔绝的载人航天器才能在太空中安全地生活和工作。如果要离开航天器进入开放的太空，就必须穿上特制的舱外航天服。当然，这还远远不够，还需要很多其他系统的支持。简单地讲，载人航天必须满足 3 个基本条件。

一是要拥有强大的运载工具，以克服地球引力，将载人航天器发射入轨，而且其可靠性要求极高。例如，发射中国神舟号飞船的长征 2F 火箭是在发射卫星的长征 2E 火箭的基础上改进而成的，它们的运载能力几乎一样，低地球轨道的运载能力约为 8～9 吨，但两者却有很大的不同：长征 2F 在长征 2E 的基础上增加了故障检测系统和逃逸系统，并大大提高了火箭的可靠性，即由长征 2E 的 91% 提高到 97%。

二是要研制出能仿造地球生活基本条件的载人航天器。它比无人航天器复杂得多，需要增加许多特设系统，以便有合适的空气成分、温度、湿度等，从而满足航天员的生活和工作需要，并且可以安全返回。例如，载人航天器具有环境控制和生命保障系统（图 2）、供航天员使用的报话系统、仪表和照明系统、人机对话操作控制台、航天服、应急逃生装置等特设系统与设施设备，来为航天员提供服务。另外，载人航天器有相应的活动空间，结构密封性能一定要好；还要有返回地球所需要的装备，即返回着陆系统。

三是应该弄清太空环境和飞行环境对人体的影响，并且找到有效的防护措施。因为即使有了载人航天器，仍有很多问题需要解决。载人航天器上狭小的生活环境、失重，以及火箭在上升段形成的振动、噪声和加速度等仍直接威胁着人体的健康与安全。

图 2　国际空间站的氧气生产设备

❻ 太空中的微重力环境是如何形成的？

伽利略的比萨斜塔实验证明，任何物体在地球引力作用下，都以 9.8 米／秒^2 的相同加速度落向地面。物理学把产生 9.8 米／秒^2 加速度的地球引力定义为 $1g$ 重力，把具有 $1g$ 重力的环境称为地球重力环境。

那么，什么又是微重力环境呢？在解释这个问题之前，我们先讨论一个理想状态——失重状态。

在地球轨道上运行的航天器，其飞行速度达到了 7.9 千米／秒，此时，地球对航天器的引力作为航天器环绕地球飞行的向心力。如果在此阶段，所有发动机都不工作，而且忽略作用在航天器上的气动力和气动力矩，那么，航天器上的所有物体都靠地球引力环绕地球飞行，相互之间没有作用力，即都处于失重状态。失重状态是指一个物体与其他物体接触时，不因自身的质量而对其他物体产生作用力的状态。例如，在绕地球飞行的天宫1号上的航天员就处于失重状态，如果他站在人体秤上，人体秤的读数为零，就好像失去了重量一样。

实际上，绕地球飞行的航天器，不可能处于完全失重的理想状态。例如，有作用在航天器上的气动力和气动力矩；为了控制航天器的姿态，小推力的姿控发动机会点火工作；受各种干扰（如航天员在航天器内的运动），航天器会产生绕其质心的转动等。上述这些因素会造成航天器及其上的物体有一个微小的加速度，其产生的力称为微重力。实际上，在绕地球飞行的航天器中，微重力水平与频率相关，低频时，物体的加速度约为 $10^{-3}g$，高频时约为 $10^{-6}g$。

用我国自主研制的微重力测量仪，可以检测到神舟号飞船上微重力随时间的变化情况，如下图所示。

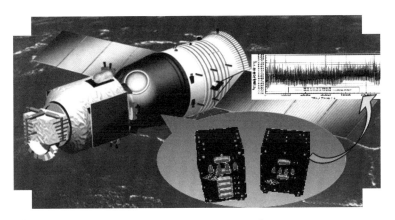

神舟号飞船上微重力测量示意图

⑦在微重力环境中，人体会有什么奇异的感觉？

在微重力环境中，人身体上所有与重力有关的感受器官都会发生变化，四肢感觉不到重量，人体感觉不到头部活动。这种异常的感觉，会给有些航天员造成定位错觉，当航天员用手推拉航天器舱壁时，感觉不到自己的前后运动，会认为航天器在前后运动，自己是静止不动的。在微重力环境下，航天员会出现头晕、目眩、恶心、困倦等症状，全身体液向上半身和头部转移，出现颈部静脉鼓胀的现象，脸变得虚胖，鼻腔和鼻窦充血，鼻子不通气。体液的转移会使航天员出现血浆容积减少，血液浓缩，从而导致贫血。微重力环境对于人体的肌肉、骨骼也有一定的不良影响。下图为航天员刘洋在天宫1号中飘浮。

航天员刘洋在天宫 1 号中飘浮

❽ 飞船的飞行轨道为什么会不断降低？

地球周围存在的大气层，一直延伸到距地面两三千千米的高度上。假如把海平面上的大气密度作为1，那么在240千米的高空，大气密度为一千万分之一；到了1 600千米的高空，大气密度为一千万亿分之一。神舟号飞船飞行在三四百千米的高度，这里仍然存在极其稀薄的大气，科学上称其为高层大气。即使这样稀薄的大气，同样会对飞行中的航天器产生阻力作用，其阻力与航天器的运动方向相反，会使航天器动能降低，飞行高度下降，发生轨道衰变（右图）。随着轨道高度不断降低，航天器最终会坠入大气层被烧毁，没有烧尽的碎片会坠落地面，有可能对人类的生命财产造成安全威胁。神舟2号至神舟6号轨道舱有留轨任务，

在正常的空间环境条件下，轨道舱的轨道高度一般每天要降低100米左右。为了维持正常的飞行轨道，必须每两个月左右时间对其进行一次轨道调整，使它回到正常运行的轨道上去。神舟号飞船在设计时，就要根据轨道舱完成航天任务的飞行寿命，参考空间环境学家对飞船轨道空间的大气阻尼预报，确定轨道舱需要携带多少推进剂，以便在空间飞行期间进行轨道调整，抵消轨道的衰变。

航天器轨道衰减示意图

⑨ 微流星会对飞船产生怎样的威胁?

航天器在轨道上运行时,会遇到来自天外的不速之客,这就是微流星(图1)。微流星是在星际空间高速运动的固体中性不带电颗粒,质量通常小于1克,来自于宇宙各个星系,大多是由小行星和彗星演变而来的。微流星具有各种不规则的外形,在太阳引力场的作用下,沿着各种椭圆轨道运动,相对于地球的速度为11～72千米／秒,平均速度约20千米／秒,平均密度为0.5克／厘米^3。

微流星具有很高的速度,如果它们与航天器相撞,撞击压力超过航天器表面材料的强度时,撞击点附近的物质会像流体一样流动。随后的压力释放过程,又使撞击体和被撞击体升温,温度高到足以使被撞击物质熔化和蒸发,其结果是在航天器表面留下撞击坑或形成穿孔。

微流星对航天器的主要危害是对其表面产生砂蚀作用,使其表面变得很粗糙。数量多时,会对航天器造成难以估计的伤害。

图1　在空间常见的微流星景观

一般情况下，质量超过 1 克的流星体，在近地空间内与航天器相遇的机会极少，只要航天器具有一定的屏蔽防护设计，其危害是可以避免的。但是，当发生"流星暴"时，流星体对航天器的危害就不容忽视了。

什么是流星暴？当宇宙空间某个星系或星体发生剧烈运动时，会有大量的流星物质飞向地球，就像雨点般袭来，这就是流星暴，又被称作"流星雨"（图 2）。如果正常运行的航天器遇到流星暴，就要经历一场"暴风骤雨"的考验。1993 年，欧空局的奥林巴斯卫星，就遇到了英仙座流星群爆发，卫星一度失去控制，飞行任务也不得不提前终止。

中国在执行载人航天任务时，也有过一次与流星雨擦肩而过的经历。1999 年 11 月 18 日，神舟 1 号飞船即将进行发射，长征火箭傲立戈壁，直指苍穹。这时，应用系统空间环境预报中心的科学家，却发

图 2　一次狮子座流星雨的现场景观

出了强狮子座流星暴的紧急警报。当时的工程领导以科学的态度果断决策，将发射时间推迟2天，使神舟1号飞船躲过了那场危险的"暴风骤雨"（图3）。这一事件不仅表明了我国空间环境科学的水平，也体现出中国航天人尊重科学的求实风格，成为航天界广泛传颂的佳话。当神舟1号飞船顺利升空并成功返回后，1999年11月20日也成为一个具有特别意义但并不为外人知道的重要日子。

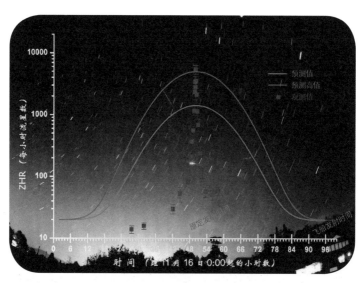

图3　狮子座流星雨预报与实测比较图

⑩ 水在太空真的能往高处流吗？

人们常说：人往高处走，水往低处流。但在日常生活中，却不乏水往高处流的例子。

水的流向取决于水受力的方向。地面上的水受到地球引力作用，才会向低处流，这是司空见惯的现象。但是，假如水受到的力除了向下的重力外，还有向上的力，而且这两个力的合力又是向上的话，那么水就会按照合力的方向流动了。比如，抽水机中的水可以向上流；涨潮是因为月球对海水有吸引力，会使海水涌向岸边；将一支细的吸管插入水中，会看到水从吸管中上升了一定高度，而且吸管越细，水上升的高度越高。液体在吸管中上升还是下降，与固体和液体之间的浸润性有关。

浸润是指液体与固体接触时，液体会附着在固体表面的现象。不浸润则是指液体与固体接触时，液体不能附着在固体表面上。液体与固体是否浸润，由组成固体和液体物质的分子之间相互作用的特性决定。例如，水能浸润玻璃，所以水滴在玻璃表面就会铺展开来；水与石蜡不相浸润，所以在石蜡表面，水滴收缩成球形水珠，很容易滚动。插入水中的吸管，内壁被水浸润，管中液面就上升；如果水不浸润吸管内壁，液体在管中就会下降。浸润液体在细管里升高的现象和不浸润液体在细管里降低的现象叫做毛细现象，能够产生明显毛细现象的管叫做毛细管。

水在细管中上升的高度还与毛细管的粗细有关系，管越细，水在管中上升的高度就越高（图1）。那么，水在毛细管中能够上升到什么高度呢？通过流体静力学可以计

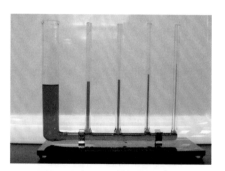

图1 粗细不同的毛细管中，
液体上升的高度不同

算出来，水在内径为1毫米的玻璃毛细管中上升的高度不过3厘米，而在内径为1/10毫米的毛细管中将上升30厘米。把内径较粗的玻璃管插进水中时，几乎观察不到毛细现象。

在失重环境中，水在管中的上升就不仅局限于很细的毛细管了。德国物理学家斯坦奇（Stange）等人在微重力条件下做过一个实验，他们使用的液体材料是一种氟液（型号FC—77），圆管材料为树脂玻璃。对比情况是，在地面重力条件下，液体在圆管中几乎没有上升。这是因为毛细力与重力作用相互抵消，虽然毛细力是向上的，但向下的重力阻止了液体上升。在微重力条件下，液体在圆管中上升了70～80毫米。这是因为在微重力条件下，毛细作用显现出来了（图2）。

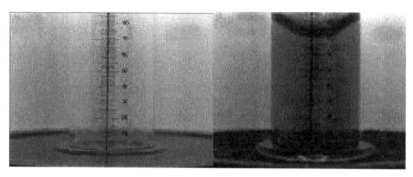

图2 微重力条件下的毛细现象（斯坦奇实验）

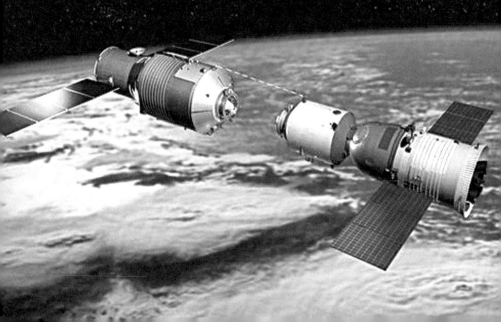

第2章
中国载人航天
工程总体

⑪ 中国载人航天工程的发展战略是什么？

1992 年 6 月底完成的《载人航天工程技术经济可行性论证报告》，确定了中国载人航天工程采取"三步走"的发展战略（下图）。

第一步，在 2002 年前，发射两艘无人飞船和一艘载人飞船，建成初步配套的试验性载人飞船工程，开展空间应用实验。

第二步，在第一艘载人飞船发射成功后，大约在 2007 年左右，突破载人飞船和空间飞行器的交会对接技术，并利用载人飞船技术改装、发射一个 8 吨级的空间实验室，解决有一定规模的、短期有人照料的空间应用问题。

第三步，2020 年前，建造 20 吨级的空间站，解决有较大规模的、长期有人照料的空间应用问题。

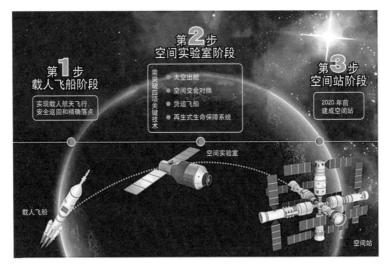

中国载人航天工程"三步走"示意图

⑫ 中国载人航天工程由哪些系统组成？

中国载人航天工程的第二步由工程总体和航天员、空间应用、载人飞船、空间实验室、运载火箭、发射场、测控通信、着陆场 8 个系统组成（下图）。

载人航天必须有航天员的参与，这就需要有航天员及其医监医保、选拔培训等人员和设施组成的航天员系统；载人航天的最终目的是要实现有人参与的空间应用，因而空间应用系统不可或缺；航天员往返太空和地面所用的载体是载人飞船，称为载人飞船系统；空间实验室系统以及以后建立的空间站是空间应用的主体；飞船、空间实验室以及空间站升空所用的运载工具，称为运载火箭系统；而火箭的发射又需要发射场系统的支持；火箭及载人航天器发射升空后，测控通信系统成为天地之间的联系纽带；载人飞船遨游太空之后要返回地面，所以需要有着陆场系统提供保障。

航天员系统

着陆场系统

空间应用系统

中国载人航天工程

测控通信系统

载人飞船系统

发射场系统

空间实验室系统

运载火箭系统

中国载人航天工程的 8 个系统

⑬ 载人航天飞行任务一般分为哪几个阶段？

中国载人航天飞行任务过程，是指飞船、火箭、乘员装备、有效载荷等飞行产品从出厂放行、进入发射场到飞船完成飞行任务，返回舱安全返回地面，航天员健康出舱的全过程。一般分为以下几个阶段：飞船、火箭等飞行产品通过放行评审运输至发射场（进场）；技术区测试、总装；转场（飞船、火箭、逃逸塔联合体垂直转运至发射区）；发射区火箭加注，进入发射流程；上升段（从火箭点火起飞到飞船进入设计运行轨道）；运行段（从飞船进入设计运行轨道到飞船返回调姿结束）；返回着陆段（从飞船制动发动机开机到返回舱着陆）；搜索回收段（从地面搜索返回舱到接回航天员）。下图为飞船发射、运行、返回全过程。

飞船发射、运行、返回全过程

⑭ 载人航天为什么先要发射无人飞船？

载人航天，人命关天。与不载人航天飞行相比，载人航天最主要的特点之一，就是它对火箭、飞船的安全性和可靠性要求极高，必须以保证航天员的生命安全为第一要务。飞船工程的技术极其复杂，每一个难点都是一个全新的领域，每一个课题都是一座很难逾越的大山。

载人航天工程是中国航天史上迄今为止规模最大、系统组成最复杂、技术难度和安全可靠性要求最高的工程，为了确保航天员的生命安全，在整个发射、飞行任务期间，工程各系统必须安全、可靠地协同工作。

飞船是一个由10多个分系统组成的复杂系统。在发射期间要经受火箭发动机工作期间的冲击、振动和噪声等力学环境；在轨运行期间要经受高真空、大温差、强辐射等空间环境。飞船的返回舱和轨道舱是航天员在发射和飞行期间工作和生活的场所，必须为航天员提供合适的气体压力、气体成分、温度、湿度以及对航天员身体健康和生命安全不构成威胁的冲击、过载、噪声、辐射等环境。在发射和飞行期间，一旦运载火箭或飞船出现致命性故障，还要为航天员提供救生手段，确保航天员的生命安全。在研制过程中，虽然已经做了大量的分析、计算和各种试验，对设计的正确性进行了验证，但地面试验毕竟是有限模拟的，与真实的发射、飞行条件存在差异。因此，必须在发射载人飞船之前发射几艘无人试验飞船，对各系统设计的正确性和协调性进行考核；对各系统的工作性能、可靠性和安全性进行考核；对系统间的匹配性、协调性进行考核；

对飞船载人环境进行考核，以获取航天员船上生活环境和与航天员安全有关的数据。通过试验发现不足，经过改进再试验，直到飞船的各项功能、性能完全符合要求，确保载人飞船的飞行安全、可靠。图1为神舟号飞船掠影，图2为厂房中的神舟号飞船轨道舱和返回舱。

图1　神舟号飞船掠影

图2　厂房中的神舟号飞船轨道舱（左）和返回舱（中）

第3章
航天员系统

⑯ 预备航天员需要具备哪些基本条件?

如果你想当航天员,首先必须提出申请,按要求填写各种表格,提供各种个人档案、学位证书等资料,然后,选拔机构按照预备航天员选拔的基本条件,对所有申请人从年龄、职业、资历、思想素质等方面进行初步筛选。这就是预备航天员基本条件选拔。

目前,美俄等国一般要求申请者具备以下基本条件。

1)年龄在 25 ~ 45 岁,男女均可,爱国家,有献身载人航天事业的愿望和精神,身体健康,心理素质优良。

2)受过高等教育是预备航天员入选的必备条件。不管哪类航天员候选人,都要求最低有数学、自然科学或工程技术学士学位。

3)指令长和驾驶员候选人应具备 1 000 小时或更多的航空飞行经验,任务专家和载荷专家则无航空飞行经验方面的要求。

4)对于载荷专家,除具有高学历外,还要求有相关的实际工作经验和较强的独立工作能力。

我国选拔首批预备航天员时,对候选者的基本条件也有明确的规定,如要求年龄在 25 ~ 35 岁之间,身高 160 ~ 172 厘米,体重 55 ~ 70 千克,男性,大专以上学历,最近 3 年体检均为甲级,歼击机、强击机飞行员,累计飞行 600 小时以上,无烟瘾、酒瘾等不良嗜好,身体健康,意志坚定,有献身精神,有良好的相容性等。

我国第二批预备航天员包括两名女预备航天员。女预备航天员选拔的基本条件与男预备航天员相似,但不要求一定是歼击机、强击机飞行员,运输机飞行员即可,且增加了一条:必须已婚,生育过的优先。

⑰ 航天员都要进行哪些训练？

从预备航天员接受训练开始，到能够执行飞行任务，一般需要4年左右的时间，载荷专家的训练一般需要两年半的时间。职业航天员的训练通常分成四个阶段，各阶段所要达到的目标不同，训练的重点和要求不同，训练的组织形式也不尽相同。训练安排遵循由一般至特殊，由单项至综合，由简单至复杂，由易至难的循序渐进原则。

1）基础训练阶段。时间大约为一年左右，训练的重点是基础理论培训。该阶段的训练目标是使预备航天员掌握载人航天飞行所需的基础知识，为后续专业技术训练奠定良好的基础。基础理论课程内容涉及空间环境、航天飞行基本原理、航天器结构特点与运行方式、航天医学、医学基础知识等方面。一般来讲，基础理论课程主要在基础训练阶段完成，但在后面两个阶段，也可能会根据需要安排部分基础课的学习，如英语、俄语、计算机基础和星空识别等。

2）航天专业技术训练阶段。时间大约为一年半，训练重点是航天专业技术训练，目的是使航天员掌握航天飞行所需的各项操作技能和专业知识。训练的内容以航天器技术和各种操作技能训练为主，包括飞船或航天飞机的驾驶和控制、飞船或航天飞机各种设备的操作、空间各种实验操作、常规交会对接技术训练、失重飞机飞行训练、救生与生存训练，以及医学保障等方面的训练。专业技术训练有正常状态下的操作，也有故障和应急状态下的对策训练。

3）航天飞行任务模拟训练阶段。时间大约一年左右，重点是飞行程序与任务模拟训练、交会对接技术训练、出舱活动技术训练，以及本次飞行任务技术训练。训练项目通常包括正常飞行程序训练、应急飞行程序训练、逃逸救生程序训练、故障识别与处理训练、全程序任务模拟训练、有效载荷技术训练、出舱活动技术训练、特殊交会对接技术训练、航天器及其装船设备与物品操作技能复训、救生训练等。该阶段是飞行乘组飞行前最重要的训练阶段，通过该阶段的训练，可以使飞行乘组航天员了解飞行计划、任务分工及要求，熟练掌握从进舱开始至返回着陆全过程的正常飞行程序、应急飞行程序和逃逸救生程序，熟练掌握有效载荷的操作、交会对接技术以及舱外活动技能，使飞行乘组航天员彼此了解、相互熟悉、配合默契。

4）强化训练与任务准备阶段。时间大约半年，重点是参加大型联合演练，为飞行任务作准备，并对飞行乘组有针对性地进行操作和飞行程序与任务模拟强化训练，使航天员进一步熟练和保持操作技能。

第一训练阶段结束时，需要对受训预备航天员的训练成绩、身体和心理等方面进行综合评价，以确定其是否能参加第二阶段的训练，这是确定预备航天员能否进入航天员队伍的关键阶段。第二阶段训练结束时，考核合格的航天员方可继续进入第三阶段的训练。如果被选入飞行乘组或候补航天员，则开始以乘组形式进行第四阶段的训练。通过这四个阶段的训练，飞行乘组航天员基本上掌握了当次飞行所需的各种操作技能和专业知识，具备了执行飞行任务的能力。

18 航天员进入发射场后还要进行哪些训练？

航天员进入发射场后，为保证始终处于最佳的体能和执行任务状态，仍要坚持进行一些体能训练和技术训练。

1. 体能训练

航天员进入发射场后，要进行保持身体状态的体能训练。航天员公寓设有健身房（图1），航天员可在其中跑步、锻炼腰、腹、胸肌和臂力。另外，发射中心地处大漠绿洲，自然环境宜人，空气清新，航天员可以在庭院内散步。

2. 熟悉发射场设施

进入发射场后，航天员在发射场技术人员的带领下，要逐一参观发射场的重要设施。发射场设备众多，规模庞大，哪些是航天员必须要熟悉的设施呢？

首先，要熟悉发射塔。发射塔是航天员在技术测试、登舱和射前出现危险情况时紧急撤离的地方，航天员必须对塔架非常熟悉。

图1　航天员公寓健身房

尤其是对从哪一层登舱，紧急撤离的逃逸滑道在第几层，从飞船出来后按什么路线到达逃逸滑道入口，怎样乘坐防爆电梯，等等，都要了如指掌。

其次，航天员还要熟悉紧急撤离滑道下面的出口，从出口到地下安全掩蔽室的通道，以及地下安全掩蔽室的设备，通往技术区的电缆通道等。一旦出现紧急情况，如果救援车不能及时赶到发射区，航天员可以从地下电缆通道快速撤离到技术区的安全地带。

3. 参加技术测试演练

航天员在发射场除了保持良好的体能训练外，还要进行技术训练。虽然北京航天员中心有专门的模拟技术训练设施供他们使用，但是进入发射场后，就是"真枪实弹"的技术训练了。航天员在发射场的主要技术训练就是技术测试演练。

首先，进行登舱、出舱演练。尽管航天员在平时也进行过登舱、出舱模拟训练，但在执行飞行任务之前，他们必须在真实的飞船中进行实地演练，如何登舱，登舱后脚踏什么位置，手抓什么部位，采取什么姿势，经过哪些步骤，舱门如何关闭、开启，等等，哪怕是很小的细节都要演练到，以做到万无一失。图 2 为航天员参加登舱演练。

图 2　航天员参加登舱演练

其次，参加人、船、箭、地联合测试（图3）。联合测试时，航天员要像真正执行飞行任务那样，身着舱内航天服，从整流罩的登舱口进入飞船。一切准备就绪之后，火箭开始模拟起飞，航天员要完成整个飞行过程中的关键操作动作，并及时汇报完成情况。航天员在舱内的面部表情和全部活动都有摄像记录实时传送到地面指挥系统。执行飞行任务的所有梯队人员都要进行这项技术测试。

第三，参加紧急撤离演练。即由发射场系统模拟设置火箭在待发段出现事故、航天员需要紧急撤离的情况。此时，航天员迅速从飞船中撤出，通过发射塔的专门通道，跳入紧急撤离滑道，快速下滑撤离，到达地下安全掩蔽室。这是关系到航天员生命安全的关键演练，每个执行任务的航天员都要参加。在演练过程中，航天员要熟悉发射场救生通道、救生设施，以便发生危险时能够从容应对。

图3　人、船、箭、地联合测试

⑲ 航天员需要配备哪些个人救生物品和装备?

为了提高航天员的生存能力，每次飞行都会给飞行乘组配备个人救生物品和装备。航天员的个人救生装备通常包括救生联络物品、医疗卫生用品及生存用品。

1. 救生联络用品

主要包括卫星电话、卫星定位仪、救生电台、光烟信号管、救生信号枪、闪光标位器、太阳反光镜、海水染色剂、救生口哨等（图1）。

救生联络物品主要用于航天员返回着陆或着水后，航天员与营救人员相互间的通话、定位、导航、发送信号（如发烟或发光药柱，闪光或反射光，海水染色及哨声等），以便于搜索营救和转移。

2. 医疗卫生用品

主要包括个人急救药品和急救器械。

根据航天员返回后可能出现的

闪光标位器

海水染色剂

救生口哨

图1 部分救生联络用品

伤病情，航天员个人救生装备中配置了镇痛、消炎、驱蚊虫（蛇）药、外伤药等个人急救药品，并配置了敷料、绷带、止血带、骨折固定板等少量急救器械。必要时，航天员可利用配备的医疗卫生用品及其他个人救生装备，及时开展自救和互救，这是关系到航天员生存的关键。

3. 生存用品

主要包括救生食品、救生饮水、食盐、蓄水袋、引火物、抗风火柴、救生渔具、驱鲨剂、自卫手枪、生存刀、指北针、防风尘太阳镜、救生物品包包衣、保温袋、返回用鞋、抗浸防寒漂浮装备、抗浸防寒服包

包衣、救生船等（图 2）。

生存用品可为航天员提供返回着陆或着水后等待救援期间的生存支持，其中救生船是个人救生的重要装备。救生船在返回舱溅落在水面时，可以作为航天员的漂浮器材和休息场所，同时也可在陆地野营中使用。将救生船船底朝上，可作垫子使用；在缺少燃料时，救生船可用来生火；救生船还可作为露营棚帐顶使用。配备的其它生存用品可为航天员在一定时间内的生存提供基本保证，并提供点火、自卫、定向、钓鱼、防止鲨鱼袭击、防水防晒保暖等功能。

抗风火柴　　　驱鲨剂　　　　　生存刀　　　　　　　救生船

图 2　部分生存用品

⑳ 航天员暴露在高空环境中为什么会出现体液沸腾？

水的沸点随高度升高及大气压力降低而降低，在 19.2 千米高度处，大气压力为 6.27 千帕，这时水的沸点降到与人的体温相同的温度（37℃）。暴露在该高度或以上时，人的体液就会沸腾。

体液沸腾首先开始于暴露部位的眼球结膜、口腔黏膜与鼻黏膜，接着是疏松皮下组织中的体液，继而延及全身，形成"气鼓人"。在此高度上停留时间如短于 2 分钟，只要气压回升，体液沸腾现象就会迅速消失，不会危及航天员的生命。

如停留时间超过 2 分钟，肺脏内的饱和水汽就会迅速沸腾，水汽压升高，压迫肺组织，使之丧失气体交换能力，进而血管里充满气泡，使大脑、心脏等关键器官因组织细胞得不到血液供应而危及生命。

当人暴露在 19.2 千米高度以上的空间时，首先危及生命的是暴发性缺氧。暴发性缺氧 10 多秒钟，人就会丧失意识，即体液沸腾还未来得及发展时，人已经陷入昏迷状态了。预防体液沸腾的办法，是为航天员提供高于 6.27 千帕的环境压力。

㉑ 航天员在太空飞行时为什么要穿航天服？

太空环境非常恶劣，不仅有可怕的高真空、缺氧、极度的温度变化和宇宙辐射，而且还有来自陨星、微流星体和空间碎片的危害，所有这些都可能危及航天员的身体健康和生命安全。

人们在地面上生活，受到大气层的保护；航天员离开地球，乘坐载人飞船进入太空，受到航天器内环境控制与生命保障系统的保护。它们不仅提供正常的大气压力和充足的氧气，而且还保证适当的温度和湿度，另外，这些航天器的结构本身也能有效防止宇宙辐射、陨星、微流星体和空间碎片的危害。

在航天飞行过程中，如果航天器被外来物体击穿，或者航天器发生某些故障，会造成舱内压力快速下降，这时航天员的生命就会受到威胁。舱内航天服具有充气加压和应急供氧的重要功能，在舱内压力快速下降时，它可以起到保护航天员生命安全的关键作用。

舱内航天服是在载人航天器舱内使用的航天服（图1），充气加压时呈拟人状态，人穿着舱内航天服，全身可以处于同一、均匀的大气压力环境中。

航天员一旦离开载人航天器进入毫无遮拦的太空，靠什么来保护自己呢？只有依靠舱外航天服。否则，航天员一分钟也活不下去。

舱外航天服（图2）的主要功能是防止真空、热辐射等空间环境因素对人体的危害，具有气密、承压、隔热和一定的抗微流星体、空间碎片

图1 舱内航天服

冲击等性能，并具有良好的关节结构活动性能和面窗视觉防护能力，可保证航天员在飞行器表面的正常操作活动。舱外航天服由舱外压力服和真空屏蔽隔热服等组成。

舱外压力服能够承受气体压力环境，借助于舱外航天服生命保障系统充气加压，呈拟人形态，航天员在其内全身处于同一、均匀的气压和有氧环境，保障航天员免受真空和缺氧环境对人体的危害，是保证航天员生命安全和实现航天服工效的主体。

真空屏蔽隔热服亦称"热和微流星防护服"，通常包括真空屏蔽隔热躯干肢体服和航天靴外罩。真空屏蔽隔热服套在舱外压力服外面，故也称之为"外罩"，保护舱外压力服和防护空间热辐射。

真空屏蔽隔热服与舱外压力服一起，使航天员免受微流星和空间碎片的伤害。

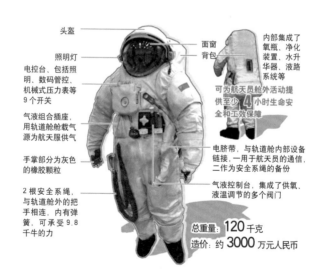

图2 中国"飞天"舱外航天服

22 航天员如何在太空淋浴？

在太空淋浴，看起来似乎与在地面上淋浴很相似，其实两者的差别很大。在太空淋浴时，由于处于微重力环境中，水不会自动向下喷流，所以淋浴用水必须加压供应。淋浴用水还要在一定流量的连续气流带动下，才能进行全身喷淋，否则水不仅不容易喷洒到全身，而且大小不同的水滴或水球，会在喷淋室内自由漂浮，很容易进入航天员的眼睛和鼻腔内，引起航天员呛水。在太空淋浴时，航天员必须戴上专门的呼吸口鼻罩，通过管子直接呼吸淋浴室外的空气。淋浴系统还必须设有离心式水气分离器，以便将水气混合物吸出，并实施水气分离，然后将水输送到再生水处理系统循环使用。下图为美国天空实验室安装的淋浴器示意图（图中未画出"呼吸口鼻罩"）。

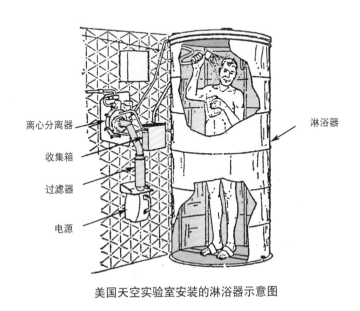

离心分离器

收集箱

过滤器

电源

淋浴器

美国天空实验室安装的淋浴器示意图

㉓ 航天员的生理废弃物如何处理？

失重条件下，尿液和粪便不会像在地面那样自然地向低处流动，如果没有一套保障设施的支持，事情就可能变得很困难，甚至会弄得很狼狈。这套保障设施称为"大、小便收集装置"，它是废物收集与处理子系统的重要功能组件。

为了保障失重条件下顺利排尿并实现尿液的收集，有效的办法是采用气流导向和传送。使用前，打开抽风机将座舱内的空气抽入尿液收集器，在排尿期间空气携带尿液，使尿液和气体形成液气混合流，经过软管输送到尿液收集器。收集器内充填毛细吸水材料，气液混合流流经收集器，尿液被毛细吸水材料吸收而滞留于收集器内，气体被分离出来后进入特制的过滤器，除去臭味并进行消毒后重新流回座舱。有的载人航天器在回路中设计专门

的气液分离器，将尿液分离出来后送入收集器。

粪便的收集处理，较为简单的方法是利用透气不透水材料制作的一次性粪便收集袋。收集袋袋内备有少量防腐剂，袋口有弹性松紧带，使用时张开松紧口使之固定在便器的开口端。便器内桶的桶底开有一系列小孔，使用时通过与外桶相连的抽气管路抽气，在收集袋内形成一定的负压，便于失重条件下粪便的收集，也减少了臭气的外溢。使用完毕撤出收集袋时，袋口自动收紧，然后将盛有粪便的收集袋置于外包装袋，投入特设的封闭性良好的垃圾桶。该方法简单易行，体积不大、功耗小，适用于短期飞行的航天器。

呕吐物一般被收集于专用的呕吐袋，保存于垃圾桶内，也可投入

组合便器内。

为适应空间站这样的大型航天器多乘员长期飞行的需要，逐渐形成了"空间厕所"的设计概念，其要点如下：

1）尿液收集器与粪便收集器一体化设计，形成组合式的大小便收集装置，根据飞行任务的周期和乘员数量确定设计容量。

2）基本结构设计应适应男性、女性航天员通用，考虑到生理结构的不同，在男性、女性小便收集器的设计和使用上有所区别；人机界面的设计尽量接近地面使用习惯，便器结构、使用姿势和方法等都与地面状态类似。

3）尿液与粪便分别收集和储存，尿液集中后作再生处理，粪便收集后利用舱外真空环境进行压缩干燥处理，并严格消毒。

4）半自动操作，摒弃人工处理环节。

下图为神舟 6 号上的"空间厕所"。

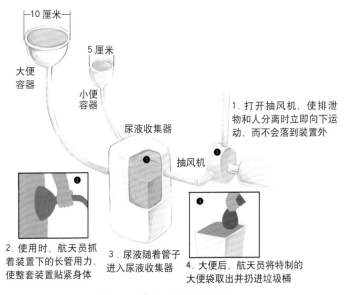

10 厘米

5 厘米

大便容器

小便容器

尿液收集器

抽风机

1. 打开抽风机，使排泄物和人分离时立即向下运动，而不会落到装置外

2. 使用时，航天员抓着装置下的长管用力，使整套装置贴紧身体

3. 尿液随着管子进入尿液收集器

4. 大便后，航天员将特制的大便袋取出并扔进垃圾桶

神舟 6 号上的"空间厕所"

24 航天员在太空如何休闲和娱乐？

太空飞行中，一项很受欢迎的娱乐休闲项目是眺望窗外的太空。载人航天器都有一个或多个舷窗，透过舷窗，可以观察被大气层包裹的蓝色地球和深邃幽远的黑暗太空。当航天员向窗外眺望，看到地球在自己的脚下后退并呈现出不同的地表时（图1），经常会对这些令人敬畏而又充满神秘魅力的景象发出感叹。每隔45分钟就出现在地球大气层上方的日出和日落，在航天员眼中也非常壮观。

在空间站上，航天员们有很多机会可以放松和娱乐。就像许多上班族一样，太空中的航天员每个周末也会休息。在一些特定的日子里，航天员们可以看电影、读书（图2）、打牌，也可以与家人通话。在国际空间站，一项比较受欢迎的活动，是从国际空间站的一头跑到另外一头，看谁跑得最快。

航天员甚至还可以拿出时间来

图1 撒哈拉沙漠

图2 航天员在国际空间站读书

玩玩电子游戏，使自己的太空生活过得轻松和愉快。美国航天飞机上就有供航天员玩的电子游戏，它与地面人员玩的大型电子游戏相仿，但游戏内容有很大不同。航天员玩的电子游戏，内容是模拟航天飞机飞行，通过玩电子游戏，航天员可以模拟练习航天飞机的着陆控制程序，这有助于提高他们的飞行操控技能。

25 航天员在太空为何会失眠？

全世界近1/4的人深受失眠的困扰，但你肯定想不到，太空中的航天员也在这一人群之列。在人们的心目中，航天员每天辛勤工作，身处"万籁俱寂"的太空之中，远离尘嚣，理应无忧无虑，倒头就睡，并充分享受自由飘浮的奇妙感觉。事实恰恰相反。

载人航天器绕地球运行时，航天员每24小时经历16次日落，崭新的"一天"只有大约90分钟。在一个地球日中，16个令人目眩的日落，不是什么难得的乐事，对航天员常规的睡眠模式来说是一次挑战。在航天飞行中，每24小时分配给航天员8.5小时的睡眠时间，但很多航天员反映他们只需6～6.5小时就完全休息好了。一些航天员认为造成这种现象的原因，可能是由于失重条件下身体感

觉不太疲劳的缘故。

实际上，从早期的双人飞行任务开始，直到人类的登月之旅和空间站长期飞行，航天员的睡眠状态都不是很理想。狭小的座舱，繁忙的工作，进入太空的兴奋，格外眩目与频繁的日出日落，并不安静甚至于显得嘈杂的舱内……这一切都对航天员的睡眠造成了影响。

长期在地球上生活，人们已经养成了"日出而作，日落而息"的生活习惯。以24小时为周期的生物节律，控制着人体内促进睡眠的激素——褪黑素和促进觉醒的激素——皮质醇的分泌，也控制着人体大多数的生理参数周期，包括体温、心率、血压、荷尔蒙和尿的生成等。就像时钟经常要校对一样，人体的生物钟同样也需要每天进行调整，以保证生理上的变化与环境

同步。在地球上，我们每天接受日光照射，生物钟会自动进行调整，但这种昼夜节律一旦被打破，人体就会出现不适应的现象。

为了获得较好的空间睡眠质量，航天员要注意两个方面的问题，一是注意面部的开敞性，尤其是口鼻部位的通风，防止呼出的二氧化碳被重新吸入。二是睡眠时要把手臂束缚起来，体位基本固定，并适当增加对身体的压迫感，以模拟覆盖物的重量感觉。

下图为神舟 6 号航天员聂海胜在太空中睡觉。

神舟 6 号航天员聂海胜在太空中睡觉

26 航天员身体不适会导致航天飞行中止吗?

在航天飞行过程中,如果出现了严重医学问题,如航天员出现严重心律失常、心肌缺血、急腹症、感染性疾病、严重外伤、严重烧烫伤等疾病,继续飞行会危及航天员生命,或工程上出现严重故障,难以及时修复,危及到航天员生命安全时,医监医生必须及时提出医学中止建议。

国外曾在飞行中发生了影响任务进行的医学问题,导致中止飞行并提前返回。如联盟21号在与礼炮5号对接任务中,因航天员出现头痛提前返回;联盟T14号在与礼炮7号对接任务中,因航天员出现焦虑、食欲下降和失眠提前返回;联盟TM-2在与和平号空间站对接任务中,因航天员出现心律失常提前返回。

27 地面人员如何对在轨飞行航天员进行心理支持？

心理支持是航天员心理保障的重要手段。苏联／俄罗斯的各次短期、长期载人航天飞行中，心理支持均得到了有效应用，成为航天员健康维持和恢复的支持性综合心理学手段。航天员心理支持主要是针对不同飞行阶段，利用地面通信、影像等各种设施，促进航天员对太空生活、工作、环境条件的心理和职业适应过程。

载人航天飞行初期，航天员"日夜"去应对紧张的任务，会产生心理紧张、担忧和疲劳的现象。这一时期心理支持的任务，主要是缓解航天员因完成工作任务的时间不足产生的心理问题，为航天员制定工作计划时，也应留有充分的余地。在飞行中后期，由于长时间与外界隔离，外界信息单调不足，社会接触受限制，舱内活动单调，航天员会产生心理状态的变化，出现所谓的"抑郁效应"，心理紧张度降低，即使在地面受过科学的心理训练，也不能完全排除这种情况的产生。这一时期的心理支持，主要是采取各种通信手段，向航天员传递不同的信息，如音乐、明星歌曲、明星录像，家庭成员、航天员医生与航天员无线通话、电视互访、网络联系等。

下图为航天员费俊龙家属与费俊龙进行天地通话。

航天员费俊龙家属与费俊龙进行天地通话

28 在太空飞行时，
航天员为什么会出现肌肉萎缩？

人类在地球以外的太空活动时，可能面临多种意想不到的困难和谜题，肌肉萎缩就是其中的一种。在太空环境中，由于生物有机体处于失重状态，肌肉不用像在地面上那样对身体发挥支撑作用，导致肌肉发生废用性变化——肌肉萎缩。

从地球表面出现原始生命至今的 35 亿年过程中，生物的演化都是在地表 1g 重力场下完成的，因此，机体的结构、功能和行为，都已经对这种"无时不在而又无法摆脱"的力学环境形成了完善而又巧妙的适应，特别是骨骼肌，形成了与地球重力环境相适应的生理结构与功能特征。在地面上，人体为了适应重力环境，肌肉与骨骼都起到了支撑身体和运动的作用。

当人类从这种已经适应了的地球重力环境突然进入到太空微重力或者是失重的环境中时，原来用于抵抗重力、对身体起支撑作用的肌肉中，就有一部分变得"无所事事"了，于是出现了部分肌肉萎缩、变形甚至组织退化等现象。航天实践结果证明，在太空中失重数日，即可引起航天员肌肉萎缩，在太空停留的时间越长，肌肉萎缩越严重。

下页表中列出了空间飞行中出现的肌肉现象。

肌肉萎缩实质上是人类机体对空间失重环境的一种适应。"适应"本是一件好事情，故有"适者生存"的说法，但是这种适应是以人类的身体健康，特别是以飞行后返回地面的"不适应"作为代价的，它的发生对航天员的健康与工作形成了明显威胁。

空间飞行中出现的肌肉现象

飞行任务	实验对象	症　状
生物卫星宇宙 1887 号	飞行 7 天的大鼠	比目鱼肌出现广泛组织坏死，组织中出现巨噬细胞核和卫星细胞，并且出现微出血点和水肿，比目鱼肌减轻 22.7%，腓肠肌减轻 10.7%
STS-78 航天飞机	飞行 17 天的大鼠	比目鱼肌肌纤维萎缩和线粒体变圆。肌原纤维在飞行后变细，出现萎缩，脂滴在飞行后也明显增加
STS-78 航天飞机	飞行 17 天的航天员	股外侧肌肌纤维横截面积下降 15% ～ 30%，比目鱼肌肌纤维横截面积下降 15% ～ 26%
礼炮 6 号空间站	飞行 140 天的航天员	小腿容积减少 20% ～ 30%
联盟 9 号飞船	飞行 18 天的航天员	躯干肌肉力量下降 45 ～ 65 千克，11 天后恢复正常

29 如何防止航天员将病毒带入太空？

为了尽量减少航天员携带微生物上天，在航天员进舱前，要对航天员进行检疫，并在起飞前 7～10 天开始医学隔离。通过这些措施，可以减少航天员携带一般微生物上天的可能。但对深藏于航天员体内的病毒，这些手段不起任何作用，这类病毒称为潜伏病毒。潜伏病毒就像特洛伊木马一样，藏匿于航天员的体内，随时等待机会死灰复燃。如果航天员的免疫系统足够强健，它们会乖乖地待在那里，不给航天员的身体惹什么乱子。但是，当航天员免疫功能不幸出现问题，对这些潜伏病毒失去了控制和威慑力，它们就会大肆复制传播，在体内找到它们感兴趣的组织器官和细胞进行

侵害。这些病毒不但能引起咽炎、传染性单核细胞增多症、慢性疲劳综合征等一些不太严重的疾病，甚至还会引起身体重要器官的病变，如肺炎、脑炎、肾炎、肝炎、心包炎等。同时，这些病毒还与鼻咽癌、Burkitt 淋巴瘤、Hodgkin 淋巴瘤、胃肠道癌等癌症发病密切相关。水痘－带状疱疹病毒活化后，会引发带状疱疹，让人剧痛难忍。下图为上天前对航天员进行检疫消毒。

上天前对航天员进行检疫消毒

第4章
空间应用系统

㉚ 航天员在太空能看到长城吗？

20世纪60年代，人类第一位女航天员——苏联的瓦莲金娜·捷列什科娃说，她乘坐东方号飞船飞过中国上空时，看到了中国的万里长城（图1）。此语一出，人们为之哗然。这是事实吗？

用科学的观点来分析，这既可能是事实，也不一定是事实。

即使是在最好的大气能见度条件下，如果不借助任何外部设备，人的视力所及也不过数十千米。在北京最好的天气条件下，站在中央电视塔上，也很难看到长城。坐在飞行高度10千米的飞机上鸟瞰燕山山脉，长城也是时隐时现，模糊不清。东方号飞船的轨道高度是

图1　蜿蜒于万山之中的万里长城

180～231 千米，加上大气云层的阻挡，捷列什科娃要用肉眼看到长城，那是不太可能的。

但是，既然现代技术有能力研制出能够看清街道斑马线的可见光相机，那么要分辨出万里长城，就显得太容易了。如果利用现代遥感技术，不仅可以看到长城，还可以清楚地分辨出构筑长城使用的是什么材料，甚至那些在地面都已经难以寻觅的长城遗迹，都能准确、清楚地绘制出来（图2）。当时苏联的航天照相侦察技术处于世界领先地位，因此，捷列什科娃"看见了长城"，也未必就不是事实！

图 2 卫星遥感图像中的长城

㉛ 利用遥感技术如何进行农作物估产？

遥感技术为什么能进行农作物估产呢？对广大区域的农作物估产，当然无法去称斤计两。利用遥感技术进行农作物估产，需要知道两个方面的信息，一是通过对地遥感技术，根据国家农业土地利用数据库，来测算农作物的种植面积。二是利用遥感技术监测农作物的长势，特别是评估灾害对农作物的影响。掌握以上数据后，通过经过验证的预测模型，就可以估算农作物的单位产量，进而对一个地区或全国农作物总产量进行估算（右图）。

那么，遥感器是如何感知农作物长势的呢？以下以主要农作物小麦为例进行说明。

任何物质都有光谱反射或辐射特性，农作物也不例外。只要把光谱细分到能够反映小麦长势的三个主要因子，即叶绿素、蛋白质、水分的波段上，收集其遥感信息，再根据叶绿素、蛋白质、水分三个主要因子对小麦长势的贡献大小，采用线性组合方法，就可以计算出小麦长势函数。对小麦长势函数进行分级评价，分出三六九等，最终就可以得到小麦长势结果。

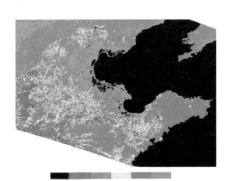

水体 较好 好 中 较差 差

农作物长势评估图

㉜ 植物在太空朝什么方向生长？

地球上所有的生物种类，都受到地球引力场的作用，因而有上下方向之分。植物直立于地上，总是茎向上、根向下生长。即使人为地将植物横放，茎仍会向上弯曲、根向下弯曲生长。植物的主根表现为顺着重力的方向生长，这称为正向重性生长；它们的地上部分逆着重力的方向生长，这称为负向重性生长（图1）。

正常的直立生长

植物放置条件无法改变其负向重性生长

图1　重力作用对植物生长的影响

植物在光的单侧照射下，也会表现出向光性生长。另外，植物还具有向水性、向化性等。向性运动是植物对于外界环境的适应，这种适应最有利于植物的叶接受充足的阳光照射而进行光合作用。植物的根向土壤深处生长，既有利于植株的固定，又有利于根从土壤中吸收水和养分。

植物有非常敏感的部位感受重

力方向的变化，如离根尖约1.5～2.0毫米的根冠，离茎端约10毫米的一段幼嫩组织，以及其他尚未失去生长机能的节间、胚轴、花轴等。根中感受重力方向变化最敏感的部位是根冠，去除根冠，横放的根就会失去向重性弯曲生长反应。根冠的柱细胞中含有淀粉体，有人将此淀粉体称为"平衡石"，柱细胞则被称为平衡细胞。

飞船上，植物所处环境的重力场只有地面千分之一到十万分之一的水平。在这种微重力环境中，植物的生长就失去了重力方向的引导。如果没有其他因素如光照等单向外界因素的刺激，植物就会出现在随机方向上的生长。为了让植物有序生长，能够识别方向，科学家们研究设计了特殊的空间实验装置，将植物固定培养在基质中，让它能够按照合理的方式有序生长，以便完成它们的生命史（图2）。

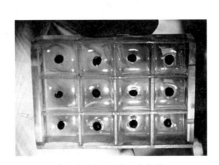

空间实验中用琼脂固定的种子

空间种子萌芽因没有重力引导失去方向

图2　太空微重力条件下的种子生长实验

33 动物在太空如何运动？

在地面上，动物的走、跑、跳、爬、滑、游、飞等，都要用力作功，作功主要是为了克服地球重力和阻力。进入宇宙空间后，动物运动需要克服的重力趋近于零。那么，动物在空间是如何运动的呢？

在空间，一般来讲，动物的运动会变得迟缓，动作协调性变差。由于动物体内主管本体感觉的内耳前庭系统缺乏重力的定向刺激，动物表现出部分与前庭系统失灵有关的运动病。如鱼类表现出转圈反应、螺旋运动、异常俯冲等；一些树栖的无尾类动物和壁虎表现出跳伞动作；四足非树栖动物表现出尾巴旋转和身体异常移动，试图抓住其他物体以固定自己的身体；蛇类会利用它们的尾巴和身体进行打结；鸽子和鹌鹑表现出异常的飞行滚动，但如果遮住它们的眼睛，则表现出有规律的转圈运动。人到了太空，则可以任意飘浮（图1）。

图1　航天员在太空飞行中任意飘浮

动物在失重时的运动异常表现，仍然还是肌肉支配的。肌肉有随意肌和不随意肌两种类型，随意肌指承担重力、控制姿态和位置的肌肉；不随意肌的运动是自动的反应，如泵动血液在全身循环的心肌，使眼虹膜运动和使食物在消化系统内通过的平滑肌。正是因为不随意肌的反应，在空间失重的情况下，眼球才能依旧运动，摄取进入体内的食物才能正常通过消化道。在太空中，肌肉由于不需要承担地球重力的负荷，会萎缩或者减小，进而丧失其力量，产生"肌肉萎缩症"，这需要特殊的训练来弥补。

图 2 为在太空中锻炼肌肉力量的企鹅服。

图 2　在太空中锻炼肌肉力量的企鹅服

34 什么是太空育种？

从 20 世纪 90 年代中期开始，常常会出现关于"太空育种"的报道。种子上天回来后会发生什么变化，是什么原因引起这些变化，一直是学术界颇具争议的问题。有争论就说明我们的认识还有缺陷，需要去研究，去认识它的本质和机理。

太空育种思路的来源，也许要追溯到第二次世界大战后开始发展起来的辐射育种。辐射育种是人工使用 γ 射线、X 射线或其他辐射源处理植物种子，通过电离辐射诱发植物的遗传变异，按照人类的需要从这些种子的后代中选育出新的优良品种。进入航天时代，人们关心的是，复杂的太空强辐射环境是不是也可以有这种效果呢？

早在 20 世纪六七十年代的太空探索初期，科学家们就研究了植物种子经历太空飞行后的变化。科学家观察到它们返回地面后，生长发育异常和细胞核内染色体畸变频率增加，被太空辐射粒子击中的种子，变化更为明显。

植物种子一直是我国返回式卫星、神舟号飞船的常客。20 多年来，不少研究人员对经历过太空旅行的植物种子进行田间种植和繁育，发现它们后代的许多性状，如个子高矮、果实大小、生长到成熟的时间周期等都发生了变化，经过多代观察、选择，发现有些性状的变化是可以遗传的，即可以从这一代传到下一代。经过育种专家们有意识地根据需要去选择，就可以从中选育出所需的优良品种，于是出现了"太空育种"的说法。

科学家们在研究中还发现，经过航天返回的种子，虽然培育出的植物和它们的后代发生了形形色色的性状变化,但是其变化没有清楚的统计规律可言,大都是随机性的。例如,有由高变矮的植株,也有由矮变高的植株;结籽类植物有籽料增多的,也有减少的,甚至有结不出种子的;果实类植物,有果实变大的,也有变小的;花卉类有花色变艳的,也有变暗的,表现千差万别。

下图为我国太空育种育成的水稻新品种华航1号。

太空具有诸多与地球上完全不同的环境因素,除强烈的太空辐射外,还有微重力、高真空、弱磁场等。太空辐射,特别是质子和重离子,是公认的有效的诱变因子,也就是说它们会引起种子后代遗传性状的变化,科学家们称之为"诱发突变"。那么,还有没有其他因素会诱发突变呢?如何更深刻地认识航天育种引起变异的机理,找出人们能够控

太空育种育成的水稻新品种华航 1 号

制的规律来呢? 这些正是众多热衷于太空育种的科学家孜孜不倦和执着追求的目标。太空育种专家在进行空间实验的同时, 也采用粒子加速器模拟太空辐射, 应用回转器模拟重力变化, 用零磁空间实验室模拟太空弱地磁环境等各种方法来处理种子, 希望明确各个因素在太空诱变中的作用。显然, 太空育种不单纯是育种问题, 更深层次上, 它还是科学家研究空间特殊环境对生物影响的一个重要手段。

在人类持续的航天技术发展中, 也许人们最终能够揭示其中的奥秘, 为开拓人类第四生存环境, 建立一方太空乐土找到一个最佳的方案。

㉟ 太空细胞培养技术有何应用前景?

细胞培养技术有两个科学目标,一是生物制药,利用某种特定细胞在生长、繁殖过程中的代谢分泌产物,研发预防和治疗某些疑难疾病的特效药物。二是从细胞学角度认识生命过程,乃至探索人造生物器官、生物部件,调控生物正常生长过程和再生过程等,服务于现代医学中的组织修复治疗,提高人类的健康水平。

在地面研究中发现,从人体组织中分离的离体正常细胞只能二维、平面地生长为细胞单层,具有"接触抑制性"。换句话说,在地面上,离体细胞只能二维、平面地生长,很难实现体外培养一个可供使用的生物组织器官,这限制了生物技术组织工程的实用化发展。而在空间实验中发现,微重力环境下,细胞生长的"接触抑制性"趋于消失。通过设计合理的空间生物反应器,有望在空间生长出三维、立体的离体细胞和组织器官,从而提供用于组织修复的工程化组织和用于药物筛选的肿瘤模式组织。图1即为在模拟微重力效应条件下生长的

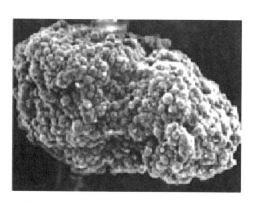

图1 模拟微重力效应条件下生长的人肝癌细胞团块

人肝癌细胞团块。人的身体由100多万亿个细胞组成，这些细胞构成了各种组织，组织进一步形成了各种器官。1885年，W·鲁克斯（W.Roux）用温生理盐水在体外培养分离的鸡胚组织存活数月，开创了组织细胞培养的先河。近年来，国际上正在兴起一门新的学科——组织工程，它标志着医学将走出器官移植的范畴，步入制造组织器官的新时代。

就像苹果总是从树上往下掉那样，由于地球引力的作用，通常进行组织细胞培养时，培养物往往会自然沉降到培养器皿的底部，在二维方向上贴壁生长。然而，人体内组织细胞相互间的关系是三维的或立体的，单层或二维细胞培养技术很难获得与人体内真实状况相似或相同的组织细胞，无法实现由离体细胞重建组织这一构想。

组织工程也称为"再生医学"或"人体零部件加工厂"，是运用生命科学和工程学的原理与技术，研究、开发组织器官的生物替代物，用于修复、重建和改善因病变或损伤而丧失或衰竭的组织器官的功能，其核心是动物细胞三维培养技术。

在太空，由于处于微重力环境，大大小小不同的组织细胞可以均匀悬浮，在三维方向自由生长，不会因为密度的不同导致不同的沉降速度，影响彼此间的接触与沟通。20世纪80年代末，美国研究人员开创了微重力组织工程，迄今已对广泛类群的细胞开展了空间研究，并取得了可喜的进展。2007年，以色列科学家采用三维培养技术研制出世界上第一颗会搏动的"微型心脏"。由此可见，细胞三维培养与组织工程正在不断绽放出灿烂的花朵。

我国科学家在神舟号飞船上对4种细胞进行了培养，着重于细胞分泌产物的药用价值研究和细胞组织培养技术研究。由实验结果可知，NK92 细胞在空间生长得又快又好，能聚集成较地面更大的团块（图2）。此外，我国科学家还利用地面微重力效应模拟装置建立了软骨、骨和肝组织等的三维培养模型。

可以预见，哺乳动物细胞和组织三维培养体系的成功建立，将为人类组织细胞移植提供丰富的材料，摆脱依赖人类机体移植的种种限制。有朝一日，如果有人失去了耳朵，不用担心，科学家可以帮他重新长出一只耳朵；肝脏坏了，也可以给他安装一个通过移植肝细胞和合成纤维制造的"新器官"；糖尿

病患者无须再频繁地注射胰岛素，因为他们有了可用的生物替代"胰腺"……这不是幻想，而是在科学家的努力下正在逐步成为现实。

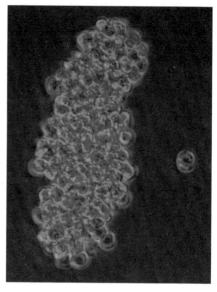

图2 神舟号飞船上培养的 NK92 细胞团块

36 空间环境对材料科学研究有何作用？

千百年来，人类关于材料的生产和科学实践都是在地球重力场中进行的。大家知道，大多数材料的获得，都会经历一个从液态到固态的凝固过程，如钢铁冶金等。在重力场中，重力所导致的浮力对流、沉降及流体静压，都不可避免地对所制备材料的内部结构产生影响。比如，有的材料在凝固过程中会分离成类似水和油两种互不相溶的液体（难混熔合金的液相分离现象），有的则会形成类似水和沙的液固混合体（如复合材料）。

不同比重的组分，必然导致这类材料的熔体在凝固过程中发生分层或偏析现象，难以形成组分均匀的材料。此外，重力场还会掩盖表面张力等次级效应，妨碍人们对于材料制备、材料加工、材料内部结构和性能之间关系的准确理解和认识，不利于建立相关的基础理论，获得无缺陷的优质高性能材料。由于在地面上没有办法真正摆脱重力场作用的影响，这成为长期困扰科学家的棘手问题。当载人航天把人类文明推向太空时，开启新的科学认知大门的金钥匙出现了，航天器中的微重力环境，正好可以让科学家去揭开深层次的科学奥秘。

在航天时代，科学家力求通过微重力环境中的材料科学研究，审视已有的科学认知，弥补以往认知的缺陷，从而提高材料研究的水平。因此，随着航天技术的发展，当代材料科学研究的又一个前沿领域——空间材料科学应运而生。

37 在太空进行了哪些学生实验？

由学生设计的空间科学技术实验称作学生实验。太空飞行中进行的学生实验，很大程度上以类似于"游戏"的面貌出现，其结果也是良莠不齐。一些实验由于设备故障原因失败，一些由于操作原因无法执行，还有一些实验的结果毫无价值。例如一项用 X 射线望远镜观测木星的实验，由于电力供应不足不得不取消。而用生物活体进行的实验则比较幸运，学生们发现美国天空实验室生长的菌群与地球上的对照组不同，水稻的秧苗在发育过程中表现出了奇怪的异常。可能最受注目的学生研究计划，是利用普通杂交蜘蛛的织网能力，测试其对失重的适应过程。经过最初几次的失败后，天空实验室第二个乘组带上去的蜘蛛，很快织出了几乎正常的网，如下图所示。但由于蜘蛛很快死亡，实验没有继续下去。这使人们认识到，失败也是研究的一种可能结果。基于这一点，美国航空航天局认识到进行简单的实验（投资少、飞行时间短），可能更为实际。

蜘蛛在天空实验室中织网

第 5 章
载人飞船系统

㊳ 载人航天器有哪几种？

经过几十年的发展，人类现在已经研制出载人飞船、空间站和航天飞机 3 种载人航天器。

能保证航天员在外层空间生活和工作以执行航天任务，并以弹道式或半弹道式再入的航天器称作载人飞船。载人飞船包括卫星式载人飞船和登月载人飞船，前者绕地球运行，后者往返于地球和月球之间。

卫星式载人飞船（图 1）是最早发展起来的一种载人航天器，历时 50 余年至今经久不衰。它曾用于突破载人航天基本技术，突破载人登月关键技术，至今仍作为国际空间站的天地往返运输系统和轨道救生艇。中国未来的空间站也将以神舟号载人飞船作为天地往返运输系统

图 1　世界第一艘载人飞船东方 1 号

和轨道救生艇。

空间站是可供多名航天员巡访、长期工作或居住的载人航天器。空间站相当于"宇宙城堡"，其容积大、寿命长，适于航天员在太空开展科研和试验以及组装和维修的大型航天器。它在轨运行期间由载人飞船或航天飞机接送航天员、运送物资和设备。至今，全世界已建造了 10 座载人空间站，包括苏联／俄罗斯 8 座，美国 1 座，以及美、俄等 16 个国家建造的国际空间站（图 2）。这些空间站分为单模块式空间站和多模块式空间站两大类，前者是指用运载火箭一次就能送入太空轨道运行的空间站，有试验型和实用型 2 种；后者则是由多个模块在轨道上组装而成的空间站。

美国为了降低卫星发射和空间

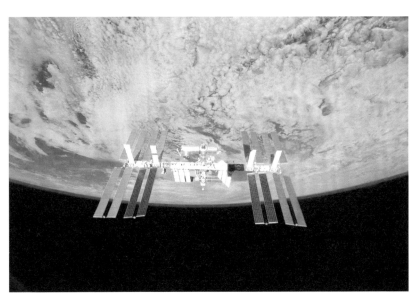

图 2　2009 年 3 月底的国际空间站

运输成本，于 20 世纪 80 年代研制出了航天飞机（图 3），它是一种往返于天地之间可重复使用的升力式再入的载人航天器。美国有 5 架航天飞机先后投入实际应用（其中有 2 架已失事），每架航天飞机上天时可容纳 4～7 人，能把 20～30 吨货物带入太空，并运回 10 多吨货物。自 1981 年 4 月 12 日到 2011 年 7 月 8 日的 30 年间，美国航天飞机共发射了 135 架次。航天飞机以其特有的重复使用性、多用途性和良好的环境条件，为人类的航天活动开辟了全新的途径，但由于成本高、风险大，已于 2011 年 7 月 21 日后全部退役。

图 3　美国的发现号航天飞机

㊵ 神舟号飞船为什么采用三舱布局？

神舟号飞船（图 1）的构型是由它所承担的任务决定的。中国确定载人航天的第一步任务是发展载人飞船工程。中国载人飞船工程的任务是在确保安全可靠的前提下，从总体上体现中国特色和技术进步，完成以下四项基本任务：突破载人航天基本技术；进行空间对地观测、空间科学和技术实验；提供初期的天地往返运输器；为载人空间站工程大系统积累经验。

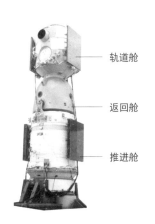

图 1 神舟号飞船构型

根据上述任务，在飞船立项论证中曾提出过多种构型方案，最后形成了 3 种方案：方案 1 是返回舱居中的由轨道舱、返回舱、推进舱组成的三舱方案，方案 2 是返回舱在前端的由返回舱、轨道舱、推进舱组成的三舱方案，方案 3 是返回舱在前端的由返回舱、推进舱组成的两舱方案。

经过分析认为：方案 2 和方案 3 便于发射段的大气层内救生，这是因为返回舱在飞船的前端，在发射段进行大气层内应急救生时，只需由逃逸飞行器将返回舱带走即可。但是，方案 2 有一个缺点，就是为了使航天员在轨道上能够从返回舱进入轨道舱，需要在返回舱和轨道舱之间建立一个硬通道（即刚性通道）。这个方案增加了航天员来往两舱之间的麻烦，并降低了返回防热和在轨密封的可靠性，因此没有采用方案 2。而方案 3 由于没有轨道舱，需要将更多的食物、饮水和应用系统的有效载荷放在返回舱中，因此返回舱要做得比三舱方案的返回舱直径更大、质量更大。这不仅给返回舱的回收着陆分系统的研制带来更大困难，而且不能实现

轨道舱留轨利用的任务，因此，也没有采用方案 3。至于方案 1 中，在发射段进行大气层内救生时要带走两个舱段的技术关键，当时认为可以通过攻关按时完成研制任务。事实证明，返回舱居中的三舱方案（图2）是一个在确保安全、可靠前提下能较好完成四项基本任务的方案。

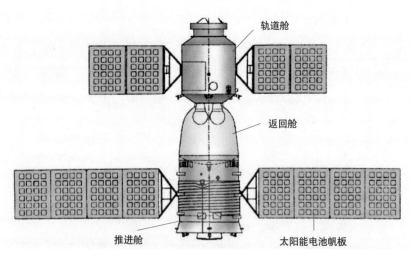

图 2　神舟号飞船（神舟 2 号至神舟 6 号）的总体布局

⑩ 神舟号飞船的观察窗是怎样防热与密封的？

众所周知，绝大部分材料只能在常温或不太高的温度下才能维持优良的密封性能，而飞船却要求返回舱舷窗（观察窗）同时实现防热与密封。飞船研制者们采用多层窗玻璃形式，并结合合理的结构设计，解决了高温密封难题。

下图为飞船返回舱舷窗结构示意图。窗口采用三层玻璃：最外层是高温防热玻璃，这层玻璃无密封要求，专门用以防热；内两层则采用钢化玻璃，同时承压和密封。

这种结构形式特点如下：

1）防热玻璃与密封玻璃分开，避开了高温密封的难点；

2）内两层玻璃经适当的隔热，已接近中温和常温，因而比较易于实现密封；

3）单层玻璃的承压能力按飞船舱内正常大气压设计，双层玻璃保证了承压与密封的冗余设计，即双层玻璃中任一层损坏时，另一层玻璃仍可以正常工作，这就提高了密封的可靠性。

以上设计方案需经过结构的细节设计，才能获得预期效果：防热玻璃和周围防热材料要通过各种烧蚀试验筛选出来；各部分的温度则要用复杂结构温度场的分析程序进行计算，才能确定三层玻璃、密封件和其他部件的工作温度和尺寸。

外层防热玻璃　　中层承压玻璃　　内层承压玻璃　　密封件

飞船返回舱舷窗结构示意图

④ 神舟号飞船的"黑匣子"起什么作用？

神舟号飞船返回舱内安装了应急数据记录器，即人们通常所说的"黑匣子"。它作为飞船重要数据的主要记录设备，在飞船飞行全过程中进行数据记录，可以覆盖所有阶段特别是测控盲区和再入阶段黑障区的数据。作为正常测控数据的补充手段，在飞船事故条件下，它对查找飞船出事前的状态特别有帮助；如飞船正常返回，飞行期间的记录数据也非常重要。

应急数据记录器具有以下功能：

1）通过1553B总线接口，接收数据管理分系统返回舱主计算机发出的命令与数据，根据命令进行相应的数据记录、数据读出、数据擦除等操作。

2）对存储记录的数据，即使飞船出现灾难性事故（坠毁），也能完好保护所记录数据，不会由于断电、高温、高压或剧烈的力学环境影响而丢失数据。

3）所记录数据与飞船飞行状态和安全状态密切相关，以便根据这些数据判断飞行状态及故障原因。记录数据内容、记录数据时段由数管分系统返回舱主计算机判断决定。

4）所记录数据能通过总线或直接存储器方式方便地读出。

5）每次执行有效的擦除命令后，应从存储空间的首地址开始连续记录数据，直至写满。数据不能遗漏或重叠覆盖。

应急数据记录器在飞船出现灾难性事故（坠毁）时，能完好保存飞船所记录的全部信息，为分析飞船故障提供可靠依据。

42 神舟号飞船为什么没有采用弹射座椅救生方案？

　　载人飞船在待发段的危险主要来自运载火箭的爆炸和倾倒，发射段的危险主要来自运载火箭的爆炸、推力丧失或姿态失稳。这两个阶段的危险区域大，时间紧迫，安全救生的关键是脱险。采用弹射座椅是一种解决飞船待发段和发射段中、低空救生的可行方法。美国的双子星座飞船和苏联的东方号飞船均选用了弹射座椅作为逃逸救生手段。

　　采用弹射座椅救生具有以下优点：一是可以借鉴战斗机的弹射座椅救生技术；二是救生手段主要涉及载人飞船系统，对运载火箭的影响较小；三是在载人飞船返回到达低空时，如遇到着陆系统发生故障，弹射座椅仍可以提供救生能力。但是，采用弹射座椅救生也存在着较严重的缺点：一是由于弹射座椅为敞开式结构，在逃逸过程中座椅仅对航天员身躯提供支撑，对四肢和头部提供约束，但不能防御超压的作用、气流的冲刷和气动热的伤害，航天员只能靠密闭头盔和航天服给予保护，防御能力较弱，例如双子星座飞船发射段弹射座椅在实际使用时仅被限制在 4.5 千米以下的飞行高度，不能提供发射段的全弹道救生；二是由于座椅要弹射出舱，就要求座舱留有通道和在舱壁上开舱门口，这将使飞船的结构复杂化，质量也相应增加。所以对于可载有 3 名或 3 名以上航天员的飞船来说，弹射座椅方案在工程上很少采用。

　　神舟号飞船采用的是逃逸飞行器救生方案。

㊸ 飞船再入大气层时，航天员为什么要坐在返回舱的"倒座"上？

在公交车上，大部分的座位都是朝前的，但是也有少数的座位是朝后的，人们把这些朝后的座位叫做"倒座"。

返回舱再入大气层时，航天员乘坐的座椅方向与返回舱的飞行方向相反（见第84页图），可以说，航天员是坐在返回舱的"倒座"上。航天员为什么要选乘"倒座"呢？这是因为，返回舱在再入过程中，由于空气阻力 D 的作用，一直处于减速状态，就好像公交车处于"刹车"状态，采用"倒座"可以使航天员的头部和上身紧压在带有赋形坐垫的座椅靠背上，使航天员便于承受较大的过载。座椅与返回舱的"地板"呈 20°夹角，这样由升力 L 产生的过载使航天员的臀部和大腿紧压在座椅上，可以提高航天员承受较大

过载的耐受性。

有趣的是，航天员坐在"倒座"上，在飞船待发段和上升段也很舒服。因为航天员在发射前2～3小时就要进入返回舱，并坐在座椅上进行各种准备工作，此时飞船呈垂直竖立状态，航天员躺在靠背与地板成 20°的"躺椅"上，就像男士在理发店内剃须或女士在美容院美容时的半躺姿态。在上升段，火箭给飞船以推力，飞船将推力传递到航天员的座椅上，航天员感受到座椅的"推背力"，就像驾驶有强劲动力的汽车在加速一样，能承受的力较大。

那么在轨道运行段呢？在轨道运行段，航天员处于失重状态，身驱前倾 20°和其他状态一样，都是相同的感受。

44 神舟号飞船返回舱是怎样产生升力的？

航天飞机在返回地面时主要靠机翼产生升力，这与飞机在飞行中产生升力的原理是一样的。可是神舟号飞船的返回舱并没有"翼"，它又是靠什么产生升力的呢？

飞船的返回舱是一头大、一头小的钟形外形。

返回舱返回地面时是采取大头朝前飞的姿态。为了使神舟号飞船返回舱能产生一定的升力，设计人员对返回舱的结构和仪器设备的安装部位作了精心设计，并采用增加一定配重块的方式，使得返回舱的质心不在返回舱的纵轴上，而是与纵轴偏离一个 δ 的距离（见第84页图），同时将质心配置在返回舱气动力中心之前的一定位置。

返回舱在再入大气层的过程中，作用在返回舱上的空气对返回舱产生压力，这些压力可以合成一个对返回舱任何一点的一个力和一个力矩。但是在返回舱上有这样一个点，对该点求合力时只有力 R，而没有力矩（即力矩为零），这个点就叫气动力中心。设返回舱的飞行速度为 V，V 和返回舱纵轴的夹角是 α，称作攻角。如果在某一攻角 α_{tr} 下产生的空气动力 R 正好在质心与气动力中心的连线的延长线方向，那么作用在返回舱上的就只有空气动力 R 而没有空气动力力矩（气动力矩 $M=0$），那么 α_{tr} 就称为配平攻角。在此状态下，理论上不需要有作用在返回舱上的其他力矩，飞船就可以保证在配平攻角状态下飞行。空气动力 R 可以分解为沿速度 V 反方向的力 D 和垂直于 V 方向的力 L，D 被称为阻力，L 被称为升力。图中的升力 L 是在纸面内的，如能控制返回舱绕速度矢量 V 旋转，则可以控制作用在返回舱上的升力的水平分量和垂直分量的大小和方向，这样就可以控制返回舱的再入轨道，使返回舱的再入过载峰值不大于 4g，并控制返回舱下降至 20 千米左右高度的停控点的地理位置。

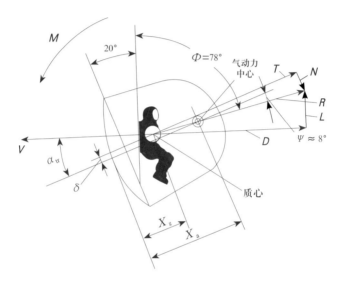

返回舱以配平攻角飞行时的气动力和航天员位置图

V－飞行速度；R－气动力合力；L 和 D－升力和阻力；

N 和 T－法向力和轴向力；M－气动力矩；α_{tr}－配平攻角；

Φ－气动力合力与人背的夹角；Ψ－气动力合力与返回舱纵轴的夹角；

δ－质心偏离纵轴的距离；X_a 和 X_g－气动力中心坐标和质心坐标

45 为什么神舟号飞船的主伞面积需要1200平方米?

神舟号飞船返回过程中,最引人注目的场景,是一顶色彩鲜艳的巨型降落伞携带着返回舱飘飘悠悠地从天而降(图1)。降落伞一打开,就意味着飞行任务获得了成功。1 200平方米的主伞,若在地面平铺

图1 1 200平方米主伞携带返回舱稳定下降

开来,大约可覆盖3个篮球场。降落伞全部拉直,总长度超过足球场的长度。谁能想到,如此之大的降落伞,包装后的体积还不到0.18立方米呢!

为什么神舟号飞船的主伞要用1 200平方米?这主要取决于返回舱的回收质量和下降速度等因素。主伞伞衣面积A可按下式来确定

$$A=2m_0/(\rho_H v^2 C_{D_0})$$

式中 m_0——返回舱质量;

ρ_H——着陆场地面大气密度;

v——返回舱临近地面时的下降速度;

C_{D_0}——伞衣阻力系数。

由上式可以看出,伞衣面积与回收质量成正比。神舟号飞船返回舱的质量是按3 000千克设计的,

所以对伞衣面积需求很大。大气密度和伞衣阻力系数是可知的，而且变化范围很小。下降速度的平方与伞衣面积成反比，即下降速度降低得越小，需要的伞衣面积就越大。为保证航天员安全着陆，载人飞船要求临近着陆时下降速度尽可能低，例如，我国返回式卫星要求着陆速度小于13.3米／秒；而神舟号飞船要求着陆速度小于8米／秒。为稳妥可靠，设计人员实际是按小于7.5米／秒设计的。各相关参数确定后，伞衣面积就不难计算了。

此外，设计人员预计将来返回舱的质量可能有所增加，为适应将来发展的需要，特意将伞衣面积设计得稍大一些，以便在回收质量方面留有适度的发展空间。因此，最终将主伞伞衣面积设计为1 200平方米。

图2为降落伞设计人员检查主伞伞衣质量。

图2　降落伞设计人员检查主伞伞衣质量

46 联盟号系列飞船为什么经久不衰？

联盟号系列飞船是苏联／俄罗斯研制的联盟号飞船、联盟 T 飞船、联盟 TM 飞船和联盟 TMA 飞船的总称。

从 1962 年苏联开始研制联盟号飞船（图 1）起，联盟号飞船已经走过了 50 多年的历程。联盟号飞船研制初期曾经历过多次失败，如 1967 年 4 月 24 日，联盟 1 号飞船第一次载人飞行回收失败，航天员科马罗夫死亡；1971 年 6 月 30 日联盟 11 号飞船返回时，返回舱失压导致 3 名航天员死亡。在吸取教训和进行技术改进后，从 1973 年 9 月至今，联盟号系列飞船已安全飞行了 40 年，成为当今世界上仍在使用的、最可靠的载人飞船。联盟号系列飞船经久不衰是由于其具有高可靠性，并适合苏联／俄罗斯载人航天发展的需要。

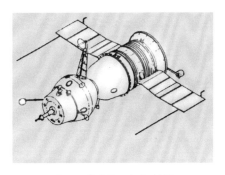

图 1　联盟号飞船初始型

联盟号系列飞船的可靠性高，首先是源自它的设计。例如，联盟号系列飞船采用了主降落伞系统和备份降落伞系统，一旦返回中主降落伞系统工作失效，可以切换到备份降落伞系统工作；又如，联盟号系列飞船设计有发射段救生系统，一旦火箭在发射段出现严重故障，可以由逃逸飞行器将航天员救回地面。1975 年 4 月 5 日，苏联发射了载有两名航天员的联盟号载人飞船，在发射段抛整流罩后，由于运载火箭控制系统故障导致火箭姿态失稳，

——载人航天知识问答

火箭发出"应急"指令,实施发射段抛整流罩后当圈返回的应急救生程序,航天员乘返回舱安全着陆。其次是进行了大量成功的改进。例如,联盟11号飞船发生返回舱失压导致3名航天员丧生之后,苏联吸取此次教训,规定在飞船的变轨段和返回段,航天员必须穿舱内航天服;一旦返回舱失压,航天员可以依靠舱内航天服生存几个小时,在此期间,飞船实施应急返回,实现航天员的救生。第三,联盟号飞船进行了大量的可靠性试验(图2),使得可行性设计得到了充分的验证。

联盟号系列飞船适应不同时期载人航天的需要。早期的联盟号飞

图2 联盟 TMA7 号载人飞船进行飞行前测试

船承担了空间交会对接试验任务。从联盟 11 号起至联盟 T14 号止，承担了礼炮号空间站的天地往返运输任务。从联盟 T15 号起至联盟 TM30 号止，承担了和平号空间站的天地往返运输任务。联盟 TM31 号和从联盟 TMA2 号起的联盟 TMA 飞船承担了国际空间站的天地往返运输任务。在研制联盟号系列飞船的同时，苏联还研制了进步号和进步 M 号货运飞船，实现了人货分运。

从联盟号到联盟 T，再到联盟 TM，最后到联盟 TMA，联盟号系列飞船每一次改进都提高了飞船的可靠性和适应性。例如，联盟 TMA 飞船在联盟 TM 飞船基础上的改进包括：加大坐垫尺寸，增加座椅总长度；为适应不同体重的乘员改进了座椅缓冲装置，为了满足高个子乘员的需要，对飞船的内部结构进行了相应的调整；为了提高乘员的舒适度和可见度以及满足便于操作的要求，对仪表板以及一些硬件的安装位置也进行了调整（图 3）。

图 3 联盟 TM 飞船（左）与联盟 TMA 飞船（右）的座舱

④⑦ 哥伦比亚号航天飞机为什么会解体？

2003 年 2 月 1 日，美国哥伦比亚号航天飞机在返回地面过程中解体（下图），机上 7 名航天员全部遇难，成为 16 年前挑战者号航天飞机失事以来最大的一次航天事故。

美国航空航天局立即成立了哥伦比亚号事故调查委员会，成员包括诺贝尔奖获得者、美国斯坦福大学道格拉斯·奥谢罗夫教授等多位权威专家。调查委员会工作了数月，对整个飞行数据进行了详细的分析，查明了事故的原因。

根据航天飞机设计指标和多次飞行的实测数据，航天飞机在整个再入大气层过程中，铝结构平均每分钟温升约 1.2℃，但哥伦比亚号显示的数据却十分异常：再入第 2 秒时，航天飞机到达 102 千米高度，一般认为该处为气动加热开始阶段，此时尚看不出异常；第 8 秒时，虽然未进入高加热时段，但温度传感器已发现左机翼起落架温度异常升

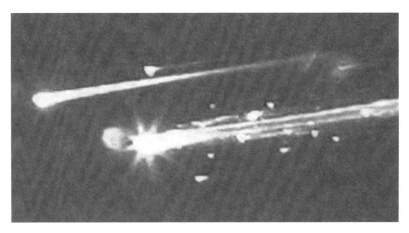

哥伦比亚号航天飞机在返航途中解体

高，到第 10 秒时左机翼温度已上升了 15℃；第 13 秒时，休斯敦任务控制中心失去温度传感器数据，根据机翼铝结构的最高设计温度为 175℃ 推断，所用传感器量程不应在 200℃ 以上，此现象说明结构温度已达 175℃ 以上；第 15 秒时哥伦比亚号在 61 千米高度，机长里克·赫斯本德与地面作了最后一次应答，便在一片噪声中失去联络，紧接着目击者和雷达发现哥伦比亚号解体为无数碎片。从以上数据不难看出，是左机翼上的防热瓦失效导致了航天飞机的最终解体。

那么，左机翼上的防热瓦为何会失效呢？经排查发现，航天飞机起飞时，左机翼前缘曾遭受外贮箱上脱落的一块泡沫塑料的撞击。根据起飞时的摄像记录（摄像机当时与航天飞机相距 40 千米），起飞后 57 秒从外贮箱上脱落了一块泡沫塑料，该泡沫塑料约 0.76 千克，长度不大于 1 米，厚 6 毫米，以 20° 攻角、700 米／秒的速度撞击了左机翼前缘。同时，根据记录，当时的噪声水平高于正常值。

这样一次当时被认为无关紧要的"轻微"撞击，是否就是破坏防热瓦的罪魁祸首呢？事故调查委员会用地面试验复现了防热瓦被撞坏并最终导致机毁人亡的全过程。

按照上述起飞时撞击过程的参数（如泡沫塑料大小、撞击速度和角度等），以备用的航天飞机机翼作试验件，果然机翼前缘被撞出约 25 平方厘米的孔洞。再用等离子加热高温气流模拟再入大气层时的气动热，试验结果表明，防热瓦很快从被撞坏处烧毁。机翼前缘防热瓦是一种碳纤维增强复合材料，破坏的过程是：材料基体碳首先破坏，然后碳纤维松散，最后整个部件破坏。地面试验完全复现了防热瓦被撞坏并导致防热失效的全过程。

事故调查委员会还进一步调查了泡沫塑料脱落的原因。这里简要介绍一下泡沫塑料存在的必要性和它的隐患。

航天飞机在发射时，中间最大圆柱体部分就是外贮箱，由液氧箱、液氢箱组成。外贮箱主要给航天飞机上的主发动机提供推进剂，航天飞机入轨前，外贮箱推进剂耗尽，箱体与航天飞机解锁自行降落，再入大气层时烧毁。

由于外贮箱内存放的是液氢、液氧。液氢、液氧存放的温度分别低于 $-253℃$ 和 $-183℃$。箱内温度升高，会使液氢、液氧汽化，使贮箱内压增大而破坏贮箱。所以贮箱外要包覆一层绝热性极好的泡沫绝热材料。这层绝热材料一方面保持箱内低温，另一方面也使箱外表面温度不会过低，防止大气中的湿气在贮箱表面结冰。绝热泡沫材料脱落的原因在于它与贮箱的连接方式。这层绝热材料与贮箱外表面用胶层粘接，工程实施中，这么大面积的胶接面很难避免个别脱胶和胶层内存在气泡的现象。航天飞机发射后，在上升段逐步加速过程中，高速气流与表面的摩擦会使这层绝热材料温度升高，胶层内残留的气体因温度升高而膨胀，导致泡沫绝热层局部脱落。事故分析还确认了当时脱落的泡沫绝热材料正是位于外贮箱发射段表面温度较高的部位。

既然发射段贮箱外表面温度升高和胶层内的气泡都难以避免，泡沫绝热层的脱落问题也就难以杜绝。事实上，2003 年哥伦比亚号失事后公布的一个报道说，美国一个研究小组跟踪了 10 年航天飞机防热瓦的损伤记录，结果表明，航天飞机每次飞行后都有多处防热瓦损伤，平均损伤部位达 25 处。

48 美国航天飞机给我们留下了什么启示？

为了降低发射成本、缩短发射周期、增强运载能力、提高安全性和舒适性，1969 年 4 月，美国航空航天局提出了建造一种可重复使用的航天运载工具的计划。1972 年 1 月，美国正式把研制航天飞机空间运输系统列入计划，确定了航天飞机的设计方案，即由两个固体火箭助推器、一个外挂推进剂贮箱和可多次重复使用的轨道器三部分组成。

轨道器是航天飞机的核心部分，也是整个系统唯一可以载人、真正在地球轨道上飞行的部件，很像一架大型三角翼飞机。轨道器长 37.24 米、高 17.27 米、翼展 23.97 米、自重 68 吨，可以乘坐 7 人、搭载 20 ～ 30 吨的货物。

1981 年 4 月 12 日，在世界第一位航天员加加林飞天 20 周年之际，美国发射了世界上第一架航天飞机——哥伦比亚号（下图）。之后，又有 4 架航天飞机投入运营，

哥伦比亚号航天飞机

分别是挑战者号、发现号、亚特兰蒂斯号和奋进号。5架航天飞机在30年的时间里，共发射了135架次。2011年7月8日，亚特兰蒂斯号航天飞机进行最后一次发射，完成飞行任务后，于7月21日在肯尼迪航天中心安全着陆，结束了其谢幕之旅，美国航天飞机时代宣告结束。

美国航空航天局在制定航天飞机计划时，预想其有五大优越性，包括发射便宜、功能强大、更加安全、乘坐舒适和发射周期短。实践证明，航天飞机实现了两大优越性，即功能强大和乘坐舒适。其他三项正好相反：一是发射费用十分昂贵，每次发射费用高达4～5亿美元，主要是返回地面以后要进行大量的维修；二是发射周期很长，由于维修工作量大，每年只能发射5～6次；三是并不安全，5架航天飞机损失了2架（挑战者号于1986年1月28日升空时发生爆炸，哥伦比亚号于2003年2月1日再入大气层时解体），牺牲了14名航天员。

虽然航天飞机退出了历史舞台，但它在发射卫星、太空维修，特别是建造国际空间站方面做出了巨大贡献，创造了许多航天新纪录，成为世界航天史上一座重要的里程碑。

航天飞机是航天技术的一个创举，其经验和教训是人类继续发展航天技术的宝贵财富，它所使用的很多先进技术在未来还将继续发挥重要作用，它将激励人类在探索太空的征程中勇往直前。

第6章
空间实验室系统

④⑨ 天宫1号空间实验室是由哪几部分构成的？

天宫1号空间实验室全长10.4米，舱体结构最大直径3.35米，设计质量8 500千克，是我国目前体积、质量最大的航天器，设计寿命2年，可与载人飞船进行多次交会对接。

天宫1号为两舱结构，分为实验舱和资源舱。

实验舱为密封结构，为航天员提供基本模拟地面大气环境的条件以及必需的工作和生活设施，拥有约15米^{3}的航天员自由活动空间。与载人飞船相比，天宫1号为航天员提供的可活动空间大大拓展，能够同时满足3名航天员工作和生活的需要。对接任务完成后，航天员进入实验舱工作、训练，一些必要的生活活动、睡眠等也都在这里进行。实验舱内设睡眠区（包括航天员睡眠所用的睡袋）以及能使航天

员保持骨骼强健的健身区。

实验舱前端安装异体同构周边式（导向瓣内翻）对接机构，用于与载人飞船对接，对接后形成密封通道，航天员经此通道进出空间实验室。对接机构还具备对接后支持供电和总线并网的能力，能够进行气、液补加。实验舱前端还安装有十字靶标、激光反射器、CCD远场标志器、CCD近场标志器、空空通信天线、舱外摄像机等交会对接测量和通信设备，用于与飞船进行交会对接。

资源舱位于后部，为直筒构型的非密封舱段，舱外安装太阳能电池帆板，舱内主要安装发动机和推进剂贮箱以及环控气瓶等设备。资源舱为轨道机动提供动力，为飞行提供能源，并控制飞行姿态。天宫

1 号电源分系统的所有设备（太阳能电池帆板除外）都在资源舱内。天宫 1 号控制系统中 6 个控制力矩陀螺也在其中。控制系统的用途是在天宫 1 号与飞船进行交会对接的过程中，对天宫 1 号进行精确的姿态控制。下图为天宫 1 号空间实验室结构图。

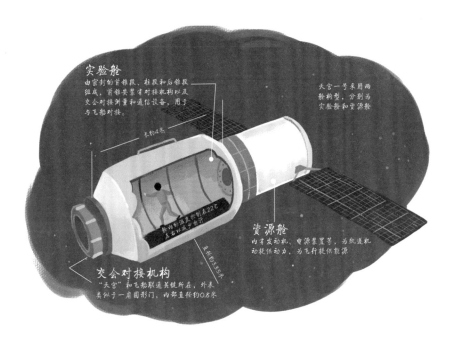

实验舱
由密封的首锥段、柱段和后锥段组成，首锥段安装有对接机构以及交会对接测量和通信设备，用于与飞船对接。

长约4米

天宫一号采用两舱构型，分别为实验舱和资源舱

舱内的温度被控制在22℃左右以保护航天员

直径约3.35米

资源舱
内有发动机、电源装置等，为轨道机动提供动力，为飞行提供能源

交会对接机构
"天宫"和飞船联通关键所在，外来类似于一扇圆形门，内部直径约0.8米

天宫 1 号空间实验室结构图

50 天宫 1 号空间实验室的主要任务是什么？

天宫 1 号空间实验室的主要任务有以下四项。

第一，天宫 1 号作为交会对接的目标飞行器，与神舟 8 号、神舟 9 号、神舟 10 号完成空间交会对接飞行任务。

第二，保障航天员在轨短期驻留期间的生活和工作，保证航天员安全。

第三，开展空间应用（包括空间环境和空间物理探测等）、空间科学实验、航天医学实验和空间站技术试验。

第四，初步建立短期载人、长期无人、独立可靠运行的空间实验平台，为建造空间站积累经验。

下图为建造过程中的天宫 1 号空间实验室。

建造过程中的天宫 1 号空间实验室

51 交会对接机构必须具备什么条件？

交会对接机构是载人航天器的重要关键设备，它使飞船与空间实验室或空间站之间对接、密封、连接固紧，并形成一条通道。通过这条通道，航天员可以自由地往返于飞船和空间实验室或空间站之间。

这个对接机构必须具备如下条件：第一，它必须采用专用装置，以消除空间对接过程中两个飞行器相互位置的偏差，包括纵轴位移，以及俯仰、偏航和滚动偏差；

第二，它还能在空间对接过程中吸收两个飞行器间的冲击能量，保证相互吻合、对准和拉紧，以便建立两个飞行器之间的刚性密封连接；第三，打开对接机构舱门，能够形成一条通道，使航天员可以来往于两个飞行器之间；第四，在对接飞行任务完成以后，还要使两个飞行器自动解锁和分离，并保证各自舱体的密封。

下图为神舟 8 号及其对接结构。

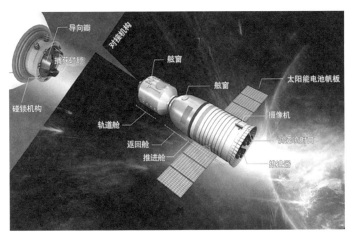

神舟 8 号及其对接结构

52 "天神"如何在空间交会?

空间交会是指两个航天器在空间以同一速度到达同一地点的过程。那么"天神"(天宫1号和神舟8号)是如何实现空间交会的呢?

首先,要精心选择神舟8号的发射时刻,使得神舟8号入轨时与天宫1号轨道基本共面,神舟8号比天宫1号的轨道低,且神舟8号在天宫1号后面,二者相距大约10 000千米的距离。然后,通过神舟8号的一系列变轨,使得其轨道高度和飞行速度与天宫1号一致,并追上天宫1号,实现空间交会。

地面飞行控制中心根据两个航天器的飞行轨道、位置和姿态,凭借严密的计算和超一流的飞行控制能力,使神舟8号在短短的两天内,经过5次变轨,逐步与天宫1号处于共面同高度的圆轨道,且神舟8号追赶上天宫1号,为它们的"接吻"

创造基本条件。

具体而言,神舟8号飞船发射入轨后的5次变轨如下。

第一次:于远地点变轨,以抬高其近地点高度;

第二次:调整轨道倾角,接近天宫1号的轨道倾角;

第三次:于近地点变轨,以抬高其远地点高度;

第四次:进一步圆化轨道;

第五次:综合修正前几次变轨的误差。

神舟8号在接近天宫1号时,两个航天器建立了直接通信联系,在北京航天飞行控制中心和测控网的监视和确认下,神舟8号开始实施自主控制的三个阶段,以便拉近与天宫1号的距离。

第一阶段:寻的段。神舟8号进行4次自主控制变轨,抵达对接切入点。

第二阶段：接近段。神舟 8 号继续向天宫 1 号慢慢接近。

第三阶段：平移靠拢段。神舟 8 号缓缓向天宫 1 号靠近，直至上演"接吻"八部曲。

下图为天宫 1 号、神舟 8 号发射、追踪、交会、对接示意图。

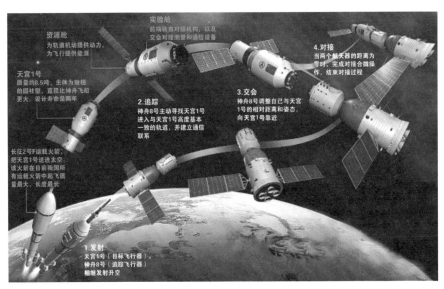

实验舱
前端装有对接机构，以及交会对接测量和通信设备

资源舱
为轨道机动提供动力，为飞行提供能源

天宫1号
质量均8.5吨，主体为短粗的圆柱形，直径比神舟飞船更大，设计寿命是两年

2.追踪
神舟8号主动寻找天宫1号进入与天宫1号高度基本一致的轨道，并建立通信联系

长征2号F运载火箭，把天宫1号送进太空，该火箭在目前我国所有运载火箭中起飞质量最大，长度最长

3.交会
神舟8号调整自己与天宫1号的相对距离和姿态，向天宫1号靠近

4.对接
当两个航天器的距离为零时，完成对接合拢操作，结束对接过程

1.发射
天宫1号（目标飞行器）、神舟8号（追踪飞行器）相继发射升空

天宫 1 号、神舟 8 号发射、追踪、交会、对接示意图

53 "天神"对接分为哪几个步骤？

本文以天宫1号与神舟9号的交会对接为例，介绍"天神"对接的具体步骤。

在浩瀚的太空中。天宫1号和神舟9号在距离地球343千米的太空轨道以28 000千米／小时的速度飞奔，要让它们"接吻"，犹如一个拿针、一个拿线的两个飞奔运动员要进行穿针引线，这个难度有多大可想而知，中间要经过八道关。

1）碰撞。当神舟9号进入到天宫1号敏感器的捕获范围内时，在横向距离偏差小于300毫米、姿态角偏差小于5°，纵向相对速度小于0.2米／秒的情况下，轻轻碰撞天宫1号。通过神舟9号机构上的5个失衡传感器，地面可以判断两个航天器是否接触。

2）捕获。两个航天器碰撞，并接到失衡传感器发出对接指令信号后，神舟9号主动对接环的6根滚珠丝杆向外推出200毫米，对接环上的3把捕获锁与天宫1号对接环上相对应的3个卡板器咬合，被牢牢卡住，完成柔性连接（连接后仍能移动）。

3）缓冲。神舟9号对接环受到撞击后，对接机构上的摩擦自动器和电磁阻尼器分别吸收纵向和横向撞击能量，进行缓冲，使其处于水平位置。碰撞、捕获、缓冲三个步骤需要的时间约60秒。

4）校正。神舟9号对接环的6根滚珠丝杆继续向外推出300毫米，与此同时，强行校准两个航天器的姿态、位置和偏差，需时约80秒。

5）拉近。神舟9号对接机构对接环的6根滚珠丝杆缓缓收缩，将两个航天器拉近，使其对接机构前端框面互相贴合，需时240秒。

6）拉紧。神舟9号与天宫1号对接机构对接面上分别安装6组12把对接锁，每把对接锁的拉力达3吨，当对接机构端面接近到约4毫米时，神舟9号对接锁的主动钩启动，与天宫1号上的被动钩一一锁紧，全程约4分钟。

7）密封。对接机构上的驱动电机带动钢丝绳系统，将两个连接面上的密封圈压缩，保持密封。

8）刚性连接。通过对接锁使两个飞行器贴合，实现刚性连接，将神舟9号与天宫1号组合为一体，12个对接锁随后牢牢扣上，起到严丝合缝的作用，需时约220秒。

右图为神舟9号与天宫1号对接过程示意图。

神舟9号与天宫1号连接后，制动控制系统会自动接通两个航天器的电气、液路通道，进行信息和能源并网。神舟9号上的航天员可从通道进入天宫1号，神舟9号停靠在天宫1号上，如果天宫1号发生故障，航天员可以进入神舟9号飞船避难。

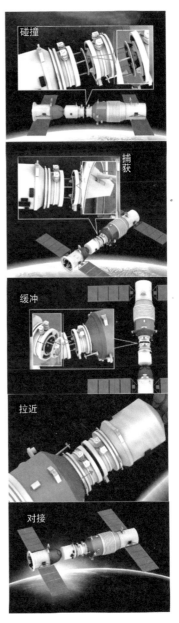

神舟9号与天宫1号对接过程

54 手动交会对接与自动交会对接有什么区别？

神舟 9 号与神舟 8 号最大的不同，是实现了航天员手动交会对接，全面验证了载人空间交会对接技术。

按照是否由航天员参加控制，可以将航天器空间交会对接分为手动交会对接和自动交会对接两种。

手动交会对接就是由航天员在轨道上亲自观察和操作，来实现两个航天器在空间的交会对接，这是目前比较成熟的方法。但对航天员来说，这是一项繁重的工作，这种方式仅适用于载人航天器。

自动交会对接是不依靠航天员，由航天器上的设备和地面控制中心相结合，或完全由航天器上的设备来实现的交会对接，这种方式更适合不载人的航天器。

这两种方式的交会对接各有优缺点（见下表）。相对而言，手动交会对接难度更大，它除了要解决工程方面的问题，还涉及到航天员。为了保证手动交会对接的成功，除需要解决保障航天员健康、安全的一些工程－医学问题外，还要对航天员进行交会对接技能的训练。要进行这方面的训练，就要研制专用的交会对接模拟设备，还要解决提高交会对接效率问题。这些工作说起来似乎很容易，要真正实施起来却有很多工作要做，也要花费更多的时间和经费。

手动交会对接和自动交会对接比较表

交会对接方式	手动交会对接	自动交会对接
优　点	能够提高交会对接任务的成功率；能够对接系统中的故障进行维修；比自动控制更节省推进剂和时间	对无人航天器和载人航天器均适用；载人交会对接时，可减轻航天员操作负荷，可靠性高；总投资相对较低，风险小
缺　点	航天员的操作负荷大；受空间环境条件（光照）限制；对无人航天器不适用	需要分布很广的地面站或中继卫星；不能处理意外情况；技术难点大

55 神舟 8 号和神舟 9 号在与天宫 1 号交会对接时有什么不同?

神舟 8 号和神舟 9 号在与天宫 1 号交会对接时,主要有以下不同。

1. 交会对接方式不同

由于神舟 8 号没有搭载航天员,所以,其与天宫 1 号的两次交会对接,都是自动交会对接。

神舟 9 号与天宫 1 号的两次交会对接,第一次采用自动交会对接,第二次采用手动交会对接。

2. 交会对接方向不同

神舟 8 号与天宫 1 号两次对接,全部采用后向对接方案,也就是说飞船在后,向前追赶天宫 1 号,在逐渐接近的过程中,与天宫 1 号对接。第二次对接时,飞船先撤退至距离天宫 1 号 140 米的地方,然后再次与天宫 1 号进行对接。

神舟 9 号与天宫 1 号进行的是前向对接,也就是说,飞船在前,

由天宫 1 号追赶神舟 9 号进行对接。在第二次对接时,飞船先自动撤离至距离天宫 1 号 400 米的地方,然后通过自动控制接近天宫 1 号,在 140 米处停泊,转由航天员手动控制,再次与天宫 1 号进行前向对接。

3. 交会对接环境不同

由于神舟 8 号与天宫 1 号首次交会对接是中国第一次进行空间交会对接试验,为减小太阳光对交会对接设备的干扰,根据技术上的考虑,首次交会对接任务安排在地球阴影区进行。第二次交会对接大部分过程在阳照区进行,对接环节在地球阴影区完成。

神舟 9 号与天宫 1 号两次载人交会对接则全部在阳照区进行。由于太阳光对交会对接设备会造成干扰,在这样的环境下完成交会对接,

其难度要比神舟 8 号大得多。

4. 由自成一体到联成一体

神舟 8 号与天宫 1 号交会对接仅完成了两个飞行器的刚性连接，连接两个航天器的舱门并没有打开。因此，从舱内环境来讲，并没有成为真正意义上的一个整体。

在神舟 9 号与天宫 1 号交会对接完成后，神舟 9 号的航天员打开了两个航天器的舱门，并进入天宫 1 号工作和生活，首次实现了神舟 9 号与天宫 1 号的空间连通，使其成为运行在太空中连在一起的两个大房间。

56 神舟 10 号与天宫 1 号交会对接的主要任务是什么？

神舟 10 号是继神舟 8 号和神舟 9 号之后第三艘与天宫 1 号交会对接的飞船，也是第二艘与天宫 1 号交会对接的载人飞船。其主要任务有以下四项。

1）为天宫 1 号在轨运营提供人员和物资天地往返运输服务，进一步考核交会对接、载人天地往返运输系统的功能和性能。

2）进一步考核组合体对航天员生活、工作和健康的保障能力，以及航天员执行飞行任务的能力。

3）进行航天员空间环境适应性、空间操作工效研究，开展空间科学实验、航天器在轨维修试验和空间站有关关键技术验证试验，首次开展面向青少年的太空科普讲座等教育活动。

4）进一步考核工程各系统执行飞行任务的功能、性能和系统间协调性。

如果说神舟 8 号和神舟 9 号分别突破了无人交会对接技术和载人交会对接技术，那么，神舟 10 号则重点转向对这些技术的验证和应用。在具体内容上，神舟 10 号增加了对天宫 1 号的绕飞，这一试验对建造空间站非常重要，因为空间站有多个对接口，飞船要从多个方向与它对接。

神舟 10 号和天宫 1 号的交会对接，标志着我国已经拥有了一个可以实际应用的天地往返运输系统，为今后进一步开展空间实验室研究和空间站建设奠定了一个良好基础。

57 中国首次太空授课都有哪些内容？

2013 年 6 月 20 日上午 10 时，在距地面 300 多千米的天宫 1 号上，神舟 10 号航天员进行了中国首次太空授课，王亚平主讲，聂海胜协助，张晓光摄像。

授课一开始，聂海胜和王亚平合作表演了"悬空打坐"和"大力神功"，聂海胜盘腿坐在空中，王亚平用手指轻轻一点，便把聂海胜推飞了，这是利用了太空失重原理。之后王亚平在聂海胜的协助下做了五个实验：质量测量、单摆运动、陀螺运动、制作水膜和制作水球。

1. 质量测量

在太空中测质量和地球上完全不一样，需要特制的测量仪器——质量测量仪。天宫 1 号的质量测量仪安装在舱壁上，是一个支架形状的装置。聂海胜把自己固定在支架

上，王亚平轻轻拉开支架，然后放手，支架便在弹簧的作用下回复原位。这时聂海胜的质量就测出来了，LED 屏上显示：74.0，这表示聂海胜的实测质量是 74 千克。

质量测量仪应用的是牛顿第二定律：F（力）$=m$（质量）$\times a$（加速度）。质量测量仪上的弹簧能够产生一个随着弹簧变形而改变的作用力 F，同时用光栅测速装置测量出支架复位的速度 v 随时间 t 的变化，设 t_1 时刻的速度为 v_1，t_2 时刻的速度为 v_2，且 $\triangle t=t_2-t_1$，$\triangle v=v_2-v_1$，计算出加速度（$a=\triangle v/\triangle t$），就能够计算出物体的质量了（$m=F/a$）。

2. 单摆运动

单摆运动在地面上非常常见，但太空中的单摆运动却有很大不同。王亚平将拴着一颗黄色小球的

单摆实验装置固定在工作台上。当王亚平把小球拉升到一定位置轻轻放手后，小球并没有像在地面上那样往复摆动，而是悬浮在了半空，这是因为小球处于失重状态。而当王亚平轻轻给小球施加一点点切向力后，小球便持续绕着支架上的绳系点做圆周运动。而在地面上，需要给小球足够大的力，才能使它克服重力，做圆周运动，而且不能一直持续。

3. 陀螺运动

在太空中，将两个陀螺分别静止和高速旋转着悬放在空中，然后给他们以推力，会产生什么不同呢？答案是，静止的陀螺会翻滚着飞向远处，而高速旋转的陀螺则保持固定的轴向向前飞去。这是因为高速旋转的陀螺具有定轴性，且遵守角动量守恒定律——在没有外力矩作用下，物体角动量会保持恒定。天宫 1 号和神舟 10 号上各式各样的陀

螺仪，它们就是基于高速旋转陀螺的定轴性来测量飞行姿态的。

4. 制作水膜

在地面上制作直径较大的水膜是很难的，因为地面重力很容易使其破灭。王亚平拿起一个航天员饮用水袋，口朝下打开止水夹，水并没有倾泻而出；她又轻挤水袋，饮水管端口形成了一颗水珠，悬浮在半空中，为了避免其到处乱飞，王亚平将其吞入口中。接着，王亚平手持带有长柄的直径较大的圆形金属圈，将其插入饮用水袋中，慢慢抽出，金属圈上形成了一个漂亮的水膜。随后，王亚平又往水膜表面贴上了一片有中国结图案的塑料片，水膜依然完好。这是因为，受到内部分子的吸引，液体表面分子被向内拉，导致液体表面就像一张绷紧的橡皮膜，这种促使液体表面收缩绷紧的力，叫做液体表面张力。根据这一原理，卫星研制人员制造了

可在失重状态下使用的表面张力贮箱，在贮箱的出口处安装一种网格极密的表面张力网，在一定条件下，利用表面张力网的表面张力使贮箱中的液体推进剂经管路输送到发动机，但贮箱中的气体不会通过表面张力网，为卫星的推进分系统提供满足要求的不含气体的推进剂。

5. 制作水球

接着，王亚平又用饮水袋慢慢地向水膜上注水，不一会儿，水膜就变成了一个亮晶晶的大水球。用注射器向水球内注入空气，水球内形成了两个标准的球形气泡，气泡既没有被挤出水球，也没有融合到一起。紧接着，她又用注射器把少许红色液体注入水球，红色液体慢慢扩散开来，晶莹透亮的水球变成了粉红色（下图），令人啧啧称奇。

实验后，王亚平和聂海胜回答了学生们关于航天器用水、太空垃圾防护、应对失重的措施和太空景色等问题，授课时间约40分钟。太空授课活动是我国载人航天飞行中首次开展的教育类应用任务，体现了载人航天工程直接为国民教育服务的理念，必将进一步激发广大青少年崇尚科学、热爱航天、探索未知的热情与梦想。

粉红色的水球

58 多模块空间站是怎么在轨组装的？

本文以和平号空间站为例，说明多模块空间站是怎么在轨组装的。

1986 年 2 月 20 日，苏联把和平号空间站的核心舱送入近地轨道。核心舱质量 21 吨，最大直径 4.2 米，由过渡舱、生活工作舱、推进服务舱三个舱段组成。过渡舱、生活工作舱和推进服务舱的中间通道是航天员可以到达的区域，合称压力舱，压力舱内充满 1 个大气压的氮氧混合气体，可同时接待 6 名航天员。和平号空间站的核心舱有两个太阳能电池帆板，最大输出功率 9 千瓦，平均功率 5.5 千瓦。该核心舱的规模与礼炮号空间站相当，但它有 6 个对接口，轴向的 1 个前对接口主要用于对接载人飞船，周向 4 个对接口用于对接各类功能舱。功能舱与核心舱对接时，可以先与轴向的前对接口临时对接，然后，再用安装在核心舱上的机械臂将该功能舱移至一个预定的周向对接口上。在核心舱轴向的后对接口上，则直接对接一个功能舱（即量子舱）。量子舱后的对接口可对接运货飞船。到 1994 年年末，和平号空间站由 4 个模块组合而成。图 1 为 1994 年年末的和平号空间站构型。

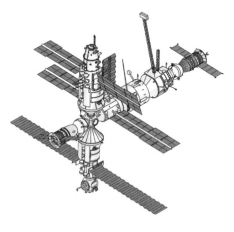

图 1　1994 年年末的和平号空间站构型

在图1中，从左到右看，依次为联盟TM22号飞船、和平号核心舱、量子舱和进步M25号飞船；从上到下看，依次为量子2号舱和晶体舱。

1995年2月至1996年3月，美国航天飞机与和平号空间站作了一次轨道交会试验和两次空间对接试验，为以后与国际空间站的交会对接积累了经验。

1996年4月27日，俄罗斯建成了拥有6个模块（核心舱、量子舱、量子2号舱、晶体舱、自然舱、光谱舱）重达120吨的和平号空间站（图2），它是和平号空间站的最终状态。

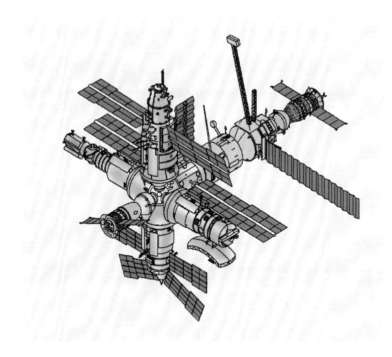

图2 和平号空间站（1996年5月7日的状态）

59 国际空间站分为哪几个建造阶段?

国际空间站源于1984年时任美国总统里根首先提出来的永久载人空间站计划。日本、加拿大、欧空局等国家和机构于1988年正式加盟该计划,将其命名为自由号空间站。1993年12月正式邀请俄罗斯加盟,并更名为国际空间站。

国际空间站以美国和俄罗斯为首,包括加拿大、日本、巴西和欧空局(11个国家,正式成员国有比利时、丹麦、法国、德国、英国、意大利、荷兰、西班牙、瑞典、瑞士和爱尔兰)共16个国家联合建造。

国际空间站的建造分三个阶段进行。

第一阶段(1994年～1998年)——准备阶段。从1994年至1998年,美、俄两国完成航天飞机与和平号空间站的9次对接飞行。美国航天员累计在和平号空间站上工作2年,取得了航天飞机与空间站交会对接以及在空间站上长期进行生命科学实验、微重力科学实验和对地观测的经验。

第二阶段(1998年～2001年)——初期装配阶段。1998年11月20日,俄罗斯用质子号火箭将国际空间站的第一个部件——曙光号多功能货舱发射入轨,拉开了国际空间站在轨装配的序幕。到2001年7月12日,美国和俄罗斯等国经过航天飞机、质子号火箭等运输工具15次的飞行,完成了国际空间站第二阶段的装配工作。

第三阶段(2001年～2011年)——最终装配和应用阶段。2011年5月,奋进号航天飞机将国际空间站最后一个组件运到太空，航天员通过出舱活动，完成了与空间站的组装，标志着长达13年的国际空间站建造工作正式完成。

国际空间站总质量约438吨、长108米、宽88米、轨道高度397千米、可载6人。国际空间站结构复杂，规模大，由航天员居住舱、实验舱、服务舱、能源舱、桁架、太阳能电池帆板等组成（下图）。

国际空间站设计寿命为10～15年，采用"边建造、边应用"的模式，其上的基础研究工作从2000年已经开始。根据美国现任总统奥巴马的建议，国际空间站的使用寿命至少延长到2020年。

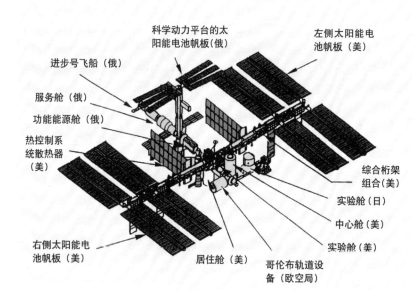

国际空间站

第7章
运载火箭系统

60 火箭的推进原理是什么？

看似复杂的火箭，原理其实非常简单，早在 17 世纪，牛顿就很清晰地描述了它：如果你以一定速度向后抛出一定质量，你就会受到一个反作用力的推动，向前加速。简单的火箭甚至早在牛顿提出这一原理前几百年就在中国发明出来，并得到了应用，这既包括军用的火药箭，也包括节日燃放的飞向空中的爆竹。

现代火箭向后抛出一定质量是靠火箭发动机来完成的。火箭发动机点火以后，推进剂（液体的或固体的燃料和氧化剂）在发动机燃烧室里燃烧，产生大量高压气体；高压气体从发动机喷管高速喷出，对火箭产生的反作用力，使火箭沿气体喷射的反方向前进。

固体火箭发动机中的推进剂安装在燃烧室中，点火后，固体推进剂是从底层向顶层或从内层向外层快速燃烧的。而在液体火箭发动机中，液体推进剂一般是用高压气体对燃料与氧化剂贮箱增压，然后用涡轮泵将燃料与氧化剂进一步增压并输送进燃烧室。推进剂燃烧形成的高温高压气体，通过发动机喷口形成高速气流喷出，产生推力。

固体火箭发动机结构如图 1 所示，泵压式液体火箭发动机结构如图 2 所示。

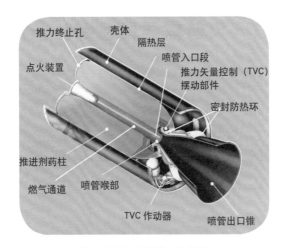

图1 固体火箭发动机结构

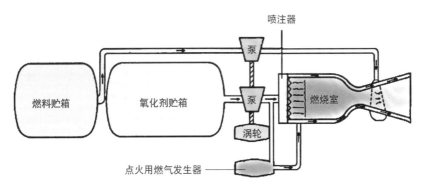

图2 泵压式液体火箭发动机结构

61 载人火箭需要具备哪些条件?

世界上有十多个国家能够发射人造卫星，但为什么只有苏联／俄罗斯、美国和中国能够发射载人飞船呢？这是因为发射载人飞船比发射卫星在技术上要求高。具备发射载人飞船能力的火箭（以下简称"载人火箭"）必须满足下面三个条件。

1）推力要大。早期的载人飞船比较简单，最轻的只有 2～3 吨，而现在的载人飞船至少 5～6 吨，神舟号飞船的质量为 8 吨左右，要把如此重的飞船送到距离地面 200～500 千米的太空轨道，火箭必须要有足够大的推力。

2）具有故障检测和逃逸功能。载人飞船发射的最大危险来自火箭上升段，为确保航天员的生命安全，火箭要增设故障检测系统和逃逸系统。这是与发射卫星的火箭不同的一个显著标志。

3）高可靠性、高安全性、高质量要求。发射卫星的火箭可靠性要求大约为 0.9，安全性无特殊要求，而发射载人飞船的火箭可靠性要求为 0.97，安全性要求为 0.997。这就要求火箭各系统的可靠性都要很高。为此，在设计中采用冗余技术，即关键设备增设备份，使两套系统同时处于工作状态，一旦其中一套出现故障，另一套马上可以接替工作。为保障航天员的生命安全，在研制载人火箭过程中，采用高试验标准和严格的质量保证措施，对成千上万个电子元器件提高质量等级并逐一进行筛选，对各个系统进行充分的地面试验，对研制全过程进行严格的质量控制，从而保证火箭具有很高的质量。

ⓒ 长征 2F 载人火箭有何特点?

长征 2F 载人火箭虽然以长征 2E 火箭为基础进行研制，但它和长征 2E 火箭已有了内在和外在的不同，其总体参数和运载能力比较见下表。

1）长征 2F 载人火箭为捆绑 4

长征 2E 火箭和长征 2F 载人火箭总体参数和运载能力

火箭	级数	全长 / 米	箭体最大直径 / 米	起飞质量 / 吨	起飞推力 / 千牛	运载能力 / 千克
长征 2E	2	49.686	11.45	462	5923	9200（200 千米 LEO[①]，倾角 28°）
长征 2F	2	58.343	12.23	480	5923	8100（200 千米 LEO，倾角 28°）

① LEO——"低地球轨道"的英文缩写。

枚液体推进剂助推器的两级串并联式布局。从箭顶到箭尾，依次为逃逸塔、飞船整流罩、二子级、一子级及 4 个助推器。

可以看出，出自长征 2E 捆绑火箭的长征 2F 载人火箭已经面貌一新了（图 1）！上部的逃逸塔和飞船整流罩是它特有的，助推器也加长了，而且增加了尾翼。长征 2F 载人火箭的布局图见图 2。

2）除外形之外，箭体内的部

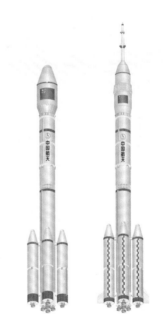

图 1　长征 2E 火箭（左）与长征 2F 载人火箭（右）

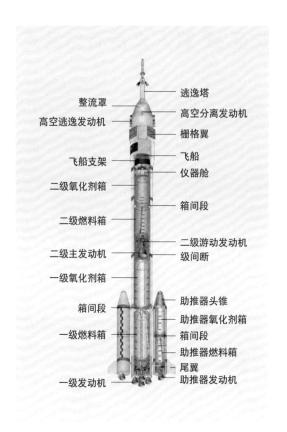

图2　长征 2F 载人火箭布局图

件也大不一样：长征 2E 火箭主要由箭体结构、动力、控制、推进剂利用、遥测和外测安全等系统组成；长征 2F 载人火箭与它最大的不同是增加了故障检测系统和逃逸系统。

故障检测系统在火箭飞行过程中一直检测判别火箭的飞行状态，对火箭是否出现需要启动逃逸救生系统的故障进行判断，并在确认火箭故障后自动向逃逸系统发出逃逸信号。

逃逸系统是为确保载人火箭在

待发段和上升段飞行过程中航天员的安全而设置的。它的使命是当火箭在抛整流罩前发生重大危险，威胁到航天员的生命安全时，使航天员脱离危险区，并为航天员的返回着陆提供必要的条件。

为适应这种系统性变化，长征2F载人火箭的控制、遥测和外测安全等系统都按照逃逸救生的要求增加或修改了相应的功能，进行了可靠性和安全性设计。火箭的轨道、气动、载荷、环境、机械电气接口和发射场总装工艺流程等均进行了重新设计。长征2F载人火箭零部件的选用也有着严格的标准。

3）长征2F载人火箭采用垂直总装、垂直测试、垂直运输的"三垂"发射模式和远距离测试发控方式，这也是它的特色之一，而且在我国是首次采用。这是因为"三垂"模式使火箭运抵发射场后的大部分工作都可以在技术区进行，技术区的垂直测试厂房洁净度高、温度适宜，可以改善火箭测试环境，提高测试、发射的可靠性，还可以缩短发射准备时间，提高发射率，并为连续组织发射奠定基础。

通过设计人员的努力，长征2F载人火箭已成为我国目前可靠性和安全性最高的火箭。

63 火箭为什么也要"开口"透气？

小时候，我们都玩过吹气球的游戏，吹气球的时候，总希望把气球吹得越大越好，可是往往当我们吹得正起劲的时候，气球突然爆炸了。这是因为我们一厢情愿地吹气，相当于不断地给气球内部增加压力，而气球外部的压力也就是大气的压力是不变的，当气球内部与外部的压力差大到气球不能承受时，气球就会爆炸。

火箭的排气孔也是为了防止火箭由于内外压差引起火箭结构破坏而设计的。火箭的一些舱段是由不同的封闭圆筒段、锥段组合而成的，如卫星的整流罩、仪器舱等。封闭的结构在外界环境发生变化时会产生一系列的问题，例如：飞行过程中，随着火箭的迅速爬升，火箭外界的环境压力急剧下降，火箭相应舱段的外界压力也随之急剧下降。如果火箭舱内的压力保持不变，会使火箭的外壳受到很大的内压，就像往气球中不断吹气增加气球内部的压力一样。当超过火箭外壳所能承受的极限时，火箭结构就会被破坏。

火箭上设计排气孔，可以有效地平衡火箭封闭舱段的内外压差，保护火箭的结构。

64 什么是 POGO 振动，如何抑制它？

1. 什么是 POGO 振动

运送神舟号飞船的火箭，在点火起飞瞬间总质量差不多接近 500 吨，有 8 台发动机工作，每台发动机有 750 千牛的推力。因此整个飞行过程特别是 8 个发动机都工作的阶段，火箭上的振动和噪声将是十分严重的。其中每个发动机的推力很难确保稳定不变，而是在 750 千牛上下跳动，这部分动态推力跳动的幅度与推力平均值相比一般不会相差太大（约为 2% ～ 3%），通常称它为脉动推力（或推力脉动）。每个发动机 750 千牛定常的推力使火箭在空中不断加速飞行，但是脉动推力对整个火箭来说是一个动态的激励力，它能激起全箭的纵向振动。当一个单一激振频率与火箭全箭纵向固有频率接近甚至相等时，火箭就会出现共振。如果火箭的振动频率与推进剂管路液流的频率接近或相等，则液流的压力脉动被放大，压力脉动又导致发动机的推力脉动，然后又激振火箭，这样就形成了一个动力学相互推动放大的闭路循环系统，通常把它称为纵向耦合振动，即 POGO 振动（图 1）。

图 1　POGO 振动

2. POGO 振动的特性

POGO 振动是一种自激振动，自激振动和共振的相似之处是振幅都随时间放大，但共振是一种强迫振动，外力与结构系统的运动无关，而自激振动中的"外力"与结构系

统运动直接相关，通常会是系统运动的加速度、速度或位移的函数，

而且通过这种运动从外界获取能量（图 2）。

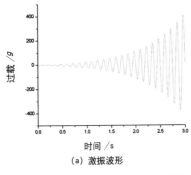

（a）激振波形

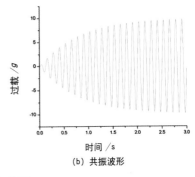

（b）共振波形

图 2　激振与共振

通过研究发现，火箭全箭纵向固有频率与推进剂管路液流压力脉动的自振频率相同，是出现 POGO 振动的必要条件。这就意味着，闭环中的 3 个因素（火箭全箭纵向固有频率、推进剂管路液流压力脉动的自振频率和发动机推力脉动的频率）都有可能是导致产生 POGO 振动的原因。

3. 如何抑制 POGO 振动

20 世纪 60 年代，美国大力神 II 火箭在发射过程中，曾出现了持续达 30 秒、频率范围在 11 ～ 13 赫兹的 POGO 振动。POGO 振动严重时，极有可能导致飞行试验的失败，若振动不很严重，虽对火箭结构不形成威胁，但对箭上仪器、设备以及航天员生命安全与健康都极为不利。为此抑制 POGO 振动是载人火箭很重要的一个课题。

推进剂管路液流压力脉动的自振频率如果能与火箭全箭纵向固有频率错开（不相交），那么 POGO 振动就能避免。世界各国普遍在推

进剂管路系统中加进一个能缓冲液流压力脉动的小装置，以此避免 PGOO 振动。这相当于在一个弹簧系统中的弹簧与基座间再加上一个软弹簧，从而使推进剂管路液流的压力脉动的自振频率降低，并错开全箭纵向固有频率，以达到抑制 POGO 振动的目的。我国在长征系列火箭上都采用了蓄压器（图 3）来控制推进剂管路液流压力脉动的自振频率，使它错开全箭纵向固有频率，从而避开 POGO 振动。

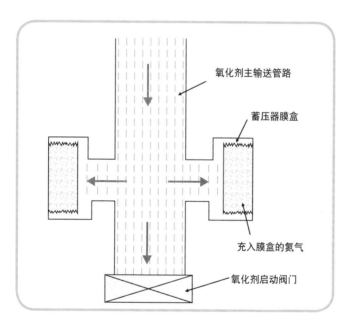

氧化剂主输送管路

蓄压器膜盒

充入膜盒的氮气

氧化剂启动阀门

图 3　长征 2F 载人火箭的蓄压器

65 火箭各级之间是如何分离的？

火箭级间分离部位一般用爆炸螺栓或带环形爆炸索的连接件连接。爆炸索与爆炸螺栓的作用都是把火箭各级之间的连接件炸断。炸断了连接件后，级间分离的方式也有两种，即热分离和冷分离。所谓热分离，是指靠前面一级火箭发动机喷出的高温燃气流把后面一级火箭推开，因此前面一级发动机是在连接件解锁时就已经点火了；而冷分离方式中使前、后两级火箭分开的力量，是装在后面一级火箭上的反推火箭的推力，前面一级火箭的发动机要在前、后两级火箭分开后才点火。

长征 2F 载人火箭的级间分离采用热分离方式，分离时由控制系统发出一、二级分离和二级发动机点火指令，级间分离面上的 14 个爆炸螺栓同时引爆，使级间连接解除，已点火的二级发动机推动二级火箭加速向前飞行，而二级发动机喷出的高速燃气流喷射在一级氧化剂箱前底上，增加了一级箭体飞行的阻力，从而迫使一级箭体离开二级火箭。

下图为一、二级火箭分离示意图。

一、二级火箭分离示意图

66 什么是冗余容错设计？

汽车上都有一个备胎，当车胎出现问题时，可以换上备胎；有的自动挡汽车同时也配有手动挡；飞机或长途行驶的汽车，一般都配有两名驾驶员，当主驾驶员因疲劳等原因不能驾驶时，由副驾驶员顶替；对火箭飞行控制系统而言，当"主驾驶员"出现故障时，就要更换为"副驾驶员"操控。以上这些都是冗余设计。冗余设计，简而言之就是备份的设计。

冗余容错设计是指对完成某功能的硬件或软件，通过增加更多的硬件或软件，将之设计成出现故障或错误时仍有能力完成其承担的功能。

冗余容错设计是提高可靠性的重要手段，但由于冗余容错设计需要使用更多的硬件或软件，一般是在采用其他提高可靠性手段后仍不能满足要求时采用。

67 陀螺仪为什么能感受火箭姿态的变化?

惯性制导系统中最核心的部件之一是陀螺仪。可以说,陀螺仪是惯性制导系统的心脏。

陀螺仪的两个最基本的特性就是它的定轴性和进动性。凡是绕自身对称轴高速旋转的物体都可以称为陀螺,陀螺具有特殊的转动规律。图1是一个玩具陀螺。如何让它在光滑的桌面上直立起来呢?其实,只要使它绕垂直轴(重力方向)快速旋转就行了。这时如果桌面倾斜

α 角,就会发现陀螺转轴方向仍保持不变,如图1(a)所示,这就是陀螺的定轴性。如果转轴的初始方向不是严格垂直,而是偏离重力方向一个角度 ϕ,我们又发现陀螺转轴会在一个以重力方向为轴线的圆锥面上运动,如图1(b)所示,而不是像不转动的刚体那样在重力作用下倒下,这就是陀螺的进动性。陀螺的定轴性和进动性统称为陀螺效应。

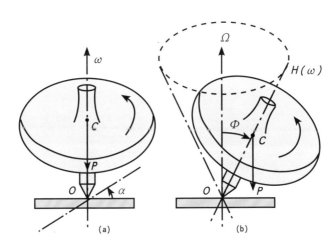

图1 玩具陀螺的运动

利用陀螺的定轴性和进动性，用不同的结构，配以不同的电路，就会得到不同功能的陀螺仪，如速率陀螺仪（用作测量角速度）、积分陀螺仪（用作测量角度）、陀螺加速度计（用作测量角加速度）等。

高速旋转的陀螺轴承安装在框架环上时，由于自转轴具有定轴性，因而自转轴与基座的运动无关，即基座运动而自转轴不动。这样基座与自转轴之间（通过框架轴的转动）在一个方向上构成一个自由度，这种装置称为单自由度陀螺仪，如图 2 (a) 所示。如果在框架环外面再套一层框架环（前者称为内环，后者称为外环），且轴互相垂直，则构成一个双自由度的陀螺仪，如图 2 (b) 所示。

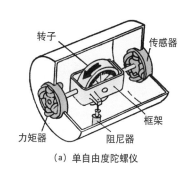

（a）单自由度陀螺仪

（b）双自由度陀螺仪

图 2　单自由度陀螺仪和双自由度陀螺仪

对单自由度陀螺仪，当基座因某种干扰随箭体出现偏离预定姿态，产生俯仰、偏航或滚转的某一方向的运动时，因该方向陀螺自转轴保持方向不变，将使机座相对于框架环旋转一定的角度。如果用传感器把这个角度换成电信号，通过箭上该方向的伺服电子线路，驱动摇摆发动机或游动发动机（即执行机构）摆动，产生一个力矩，使箭体恢复到受干扰前的状态，这就保持了飞行中火箭姿态在该方向的稳定。

⑥ 为什么喷气飞机不能像火箭一样在大气层外飞行？

我们都知道，喷气飞机上天要携带燃料（航空煤油），通过燃料燃烧释放的能量来为发动机提供动力。但这个燃烧过程光有燃料是不行的，它还需要消耗大量的氧化剂。喷气飞机不需要携带氧化剂，它周围的空气可以为它提供足够的氧化剂——氧气，但是，这同时也就限制了它的飞行高度，因为大气层中的氧气会随着高度的增加而降低，从而导致喷气飞机发动机的功率相应下降，真空状态下甚至会失去动力。

为了解决这个问题，火箭发射时不仅带有燃料，同时还自带氧化剂。因此，火箭发动机正常工作的高度不受大气层的限制，而且随着飞行高度的增加，外界大气压力逐渐减小，它所产生的推力还会相应增加，到达真空状态时推力将达到最大。下图为固—液混合火箭发动机示意图。

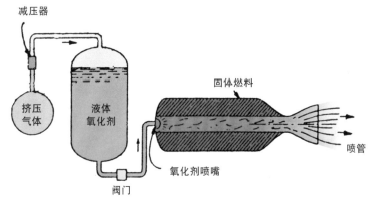

固—液混合火箭发动机示意图

第8章
发射场系统

69 飞船上天前，为什么必须进行检漏？

检漏，就是检查飞船密封舱等是否存在泄漏。通过这一环节，可以确保飞船密封舱结构及环控生保系统气路，推进剂贮箱、管路和热控系统内回路密封合格。

飞船检漏可在飞船厂房的检漏间完成。形象地说，检漏间就是一个气密性很好的"大容器"，飞船进入检漏间后，检漏间四周的大门关闭，形成一个密闭、绝热的空间。连接检测设备后，在飞船内部充入被检气体（如惰性气体），保持一定的压力，在较长时间内利用检测设备连续监测检漏间内或管路接头处的被检气体分压。如果飞船存在泄漏，则飞船内部的被检气体就会泄出，使检漏间内或管路接头处的被检气体分压升高，这一分压的异常变化就会被检测设备探测到，从而对飞船的密封状况做出判断评估。

1971 年 4 月 19 日，苏联发射了人类第一个空间站——礼炮 1 号。6 月 6 日，载有 3 名航天员的联盟 11 号飞船从拜科努尔航天发射场发射升空，并与"礼炮 1 号"成功对接。3 名航天员进入礼炮 1 号空间站，在太空停留了 23 天 18 小时 22 分钟，进行了一系列天文观测和生物、医学实验。6 月 29 日飞船返回，6 月 30 日 1 时 35 分，飞船按程序启动制动发动机。在再入大气层前，返回舱和轨道舱分离过程中，返回舱的压力平衡阀被震开，密封性能遭到破坏，返回舱内的气体从该处泄漏，舱内压力迅速降低，导致航天员因急性缺氧、体液沸腾而死亡。尽管飞船返回程序继续正常工作，返回舱也借助降落伞安然着陆，但当人们打开舱门时，看到的却是 3 名航天员的遗体。这一事故是苏联载人航天史上最为悲惨的一次。

70 我国载人航天为什么采用"三垂一远"测试发射模式？

测试发射模式就是发射场进行航天测试发射所采用的方式，主要包括总装、测试、运输和发射方式等。影响测试发射模式的主要因素有航天发射的时间要求、火箭和飞船的适应性、测试发射技术水平、发射场地面设施设备的支持能力等。我国载人航天选择的是"三垂一远"测试发射模式，既可满足可靠性、安全性要求，又可满足后续空间实验室、飞船天地往返运输系统以及空间救援系统等的发射要求。

所谓"三垂"，是指飞船和火箭垂直组装、垂直测试、垂直运输的模式（下图）。在技术区，飞船及火箭在垂直状态下进行组装对接、

"三垂"模式

测试,最后垂直运输到发射区,经过简单的性能复查后即可加注发射。其主要优点是技术区与发射区箭上产品状态一致,火箭占位时间短。缺点是需要建造大型垂直总装测试厂房和活动发射平台。这种方式目前已被许多国家所采用,一般都应用在大型运载火箭、载人航天发射及发射频率要求高的发射场。

所谓"一远",是指远距离测试发射控制方式,其特点如下。

1)载人航天发射场测试发射中心设在技术区,提高了发射的安全性。

2)测试发射中心配置完备的测试发射指挥监控系统,利用中心的一套主控设备及布置在技术区、发射区各个工位的前置设备,对技术区的综合测试和发射区的点火发射进行控制,提高测试发射的可靠性和检测自动化水平,缩短测试时间,减轻测试发射人员操作时的心理负担。

3)发射勤务设施实现远距离控制。发射区加注、消防、摆杆、瞄准等设施均采用计算机网络,连通测试发射控制楼的测试发射指挥监控系统,实现远距离控制。

71 火箭发射前，为什么要进行人、船、箭联合测试？

人、船、箭联合测试是载人航天发射过程中的一个重要环节，也是火箭和飞船运往发射区前最后一次全系统联调联试。那么，什么是联合测试？为什么要进行联合测试呢？

发射前进行的人、船、箭联合测试就是载人航天发射任务的彩排，通过联合测试，既考核了航天员、载人飞船、运载火箭和发射场这几个系统各自的状态，也考核了人机之间配合工作的协调情况。

各个系统严格按照发射程序进行"演练"，除了火箭的推进剂未加注、火工品不点火外，一切都是按照"真实模拟发射实况"的要求，"真刀真枪"地进行操练。通过联合测试，既考核了各个系统的射前准备情况，同时也能够真实暴露出各个系统及系统之间存在的问题，并通过解决这些问题，进一步提高发射的安全性、可靠性。图1为人、船、箭联合测试场景。

图1　人、船、箭联合测试场景

联合测试的一项重要内容，就是航天员参与其中，进行登塔演练、进舱模拟飞行、航天服工作状况检查以及待发段应急救生演练等。

也许大家会感到奇怪，登塔不就是坐电梯、进飞船，还需要进行演练吗？对于载人航天发射任务而言，任何一个细节，无论是简单还是复杂，都是不能忽略和遗漏的，必须确保万无一失。更何况航天员登塔并不是一件简单的事情。

航天员在发射前是穿着舱内航天服进入飞船的。一套舱内航天服重达十几千克，而且十分臃肿。可以想象，穿着这么笨重的衣服，想要走路都不是一件轻松的事，更何况他们要从狭小的舱门进入飞船，还要注意不摔跤、不踩错地方、不碰坏设备。航天员进入飞船后，要对航天服的密封性能和舱门的密封性能进行检查。在太空环境下，航天员的生存全靠飞船或舱内航天服制造出的人工环境来保障，而良好的密封是建立和保持这种生存环境的基础，绝对不能出现半点差错。航天员在密封的飞船中，按照正常程序进行模拟飞行状态下的人、船、箭联合测试。测试结束后，要对各系统包括舱内航天服的数据进行分析判读，确保各个系统状态正常。

在联合测试过程中，航天员还要进行紧急撤离演练（图2），模拟待发段事故发生时的紧急撤离，确保在待发段出现危及航天员生命安全的情况时，能够按照预先设计的方案，正确实施决策和指挥，使航天员安全、快速地脱离危险区，并尽可能将对工作人员和设施设备带来的损失降到最低。

图2 紧急撤离演练

72 火箭发射前出现异常情况，如何处置？

如果各系统出现一般性故障，要按照发射预案计算允许推迟时间，并按照本系统预案抓紧时间排除故障。如果排除故障时间在允许推迟时间范围内，则可重新进入发射程序；如果排除故障时间超过了允许推迟时间，则需中止发射程序，推迟发射。例如，"3 小时准备"时发生故障，允许推迟时间一般为 30 分钟，如果排除故障时间低于 30 分钟，就可以继续发射，超过 30 分钟，就要重新进入"3 小时准备"程序或取消当日发射。

当出现的危险性故障，已经威胁到航天员的安全或不具备发射条件时，则应立即中止发射程序，转入故障处理程序或组织人员救护，待故障排除、条件具备后重新组织发射。例如，火箭点火失败而实施紧急关机后，火箭将自动断电，飞船和地面发射控制系统手动断电，同时启动消防系统对火箭一级发动机喷口和尾段进行消防，确认发动机完全灭火之后，塔勤人员方可上发射塔检查、操作，合拢塔架各层工作平台，固定火箭，组织航天员紧急撤离。如果推进剂发生泄漏、着火或控制系统断电失败，地面或火箭系统将自动启动逃逸飞行器，帮助航天员实施逃逸，应急高空消防车对火箭顶部进行消防，搜救队对航天员实施搜索救援。

当发生致命性事故时，要迅速组织人员撤离，进行现场封锁，保证人员安全，使发射场设施损失降到最低。例如，火箭紧急关机后发生倾倒时，应立即启动逃逸飞行器，实施航天员逃逸。待火箭倒地爆炸产生的冲击波过后，各系统地面操作人员及时断电，消防分队对发射

塔及附近建筑物实施应急消防，医
疗救护人员做好伤员的抢救工作，
警卫人员组织警戒和维持现场秩
序，搜救队实施航天员逃逸后的搜
索救援。下图为整装待发的航天员
搜救队。

整装待发的航天员搜救队

73 火箭发射前出现危险情况，航天员如何紧急撤离？

紧急撤离是指发射前出现危险情况，在不必启动逃逸飞行器或难以启动逃逸飞行器的情况下，航天员通过救助队的帮助，紧急从飞船返回舱撤离到地下安全掩蔽室的过程。航天员紧急撤离有两种方式：第一种方式是利用防爆电梯（右图）实施紧急撤离；第二种方式是利用紧急撤离滑道实施紧急撤离。

在进舱过程中或进舱后，如果火箭、飞船或者其他系统发生故障，但暂时不会发生重大事故，航天员可以通过防爆电梯撤离，从塔上撤离出口直达地下安全掩蔽室。

在发射前夕，若出现紧急情况，航天员通过紧急撤离滑道，一般半分钟左右就能到达地下安全掩蔽室。紧急撤离滑道每分钟可撤离

20～30人，能够满足塔上航天员和其他工作人员紧急撤离的要求。

航天员乘坐的防爆电梯

安全掩蔽室属地下构筑物，距地面4.8米。室内装有隔墙百叶窗式换气扇、应急灯、引导灯等，室内氧气储存量可供30人使用4小时。为了保证航天员的安全，掩蔽室设置了两道保护门：第一道是防爆门，可以防止爆炸冲击波危及航天员的安全；第二道是密封门，可以防止有毒有害气体进入掩蔽室。

祝 火箭发射过程中发生火灾，会产生什么后果？

航天发射场贮存有大量易燃、易爆的推进剂。在发射前，不仅火箭要加注数百吨的推进剂，飞船也需要加注数百千克的推进剂。此外，火箭逃逸塔上还安装有逃逸主发动机、控制发动机等固体火箭发动机，火箭和飞船上还安装了数以百计的火工品，这些都是潜在的危险源，需要进行严格管理。

如果发射场出现管理疏漏，除可能发生常规火灾外，还会因推进剂泄漏、火工品误爆、电火花或静电意外点燃推进剂等原因而引发火灾。发射场发生火灾，轻则烧毁设备，带来经济损失，影响任务进程，重则导致箭毁人亡的惨剧。

1984年6月26日，美国发现号航天飞机进行第一次发射，发动机点火时出现推进剂泄漏故障。发动机系统关闭后，其主发动机燃起了大火，经过消防系统近40分钟扑救，才使航天员脱离险境。此次火灾使"发现号"的发射时间推迟了两个多月。

2004年2月23日，印度萨迪什·达万航天中心因固体推进剂爆炸引发火灾，造成6人死亡，10人受伤，厂房严重损坏。

75 火箭发射过程中，导流槽起什么作用？

火箭起飞总重量近 500 吨。为了托举起这个庞然大物，火箭的 8 台发动机同时工作，火焰同时从 8 个喷管中喷出，喷管出口的燃气流速约为 2 800 米／秒，温度高达约 1 300℃（图 1）。如此高温可以将铸铁和铜熔化，而且这些高温高速的燃气会产生强大的冲击波和反射波。就像江河汛期来临时的巨大洪峰一样，如果不能将其顺畅地导排出去，就会产生极大的破坏作用。洪水可以冲毁堤坝，如果导排不畅，火箭前冲和反射的燃气也会烧坏发射设施和火箭尾部，导致发射失败。

导流槽的主要作用就是导排火箭点火时产生的燃气流，防止燃气回火或冲向地面设施，保证火箭与地面设施的安全。导流槽还设有喷水设施，在火箭点火前几秒钟喷水，一方面减小燃气流对导流面的冲刷，另一方面水的汽化可吸收部分声能，降低燃气流的冲击噪声。图 2 为导流槽导排燃气原理图。

图 1　火箭发射时喷出燃气

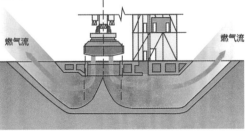

图 2　导流槽导排燃气原理图

76 什么是发射窗口?

航天器的发射需要选择相应的发射时机。允许航天器发射的时间范围称为发射窗口。

航天器发射窗口的确定,必须要考虑航天器的运行轨道、航天器的工作条件、天体运行条件、空间碎片规避、地面跟踪测控通信和气象要求等因素。

例如,探测太阳系行星的航天器,必须要考虑行星的运行轨道,当行星和地球对太阳的张角处于一定范围内时进行发射;进行交会对接的追踪航天器,必须在目标航天器的轨道面包含发射点的时段进行发射,以保证两个航天器基本共面;要满足航天器在轨道上正常工作的条件,必须选择合适的发射时段,使航天器入轨后与地球、太阳有一定的相对位置,保证航天器的温度控制系统、姿态控制系统、太阳电池帆板能够正常工作。

航天器的发射窗口一般有三种。

1)年计窗口。它是以指定的某一年内连续的月数表示,适用于行星际探测任务。如发射哈雷彗星探测器。

2)月计窗口。以确定的某个月内连续的日数表示,适用于行星和月球探测任务。如发射月球探测器。

3)日计窗口。以某日内某时刻到另一时刻的形式表示,适用于卫星、飞船和空间站等航天器的发射。

实施航天器发射时,可能要同时计算两种或三种发射窗口。如发射哈雷彗星探测器时,应选择在哈雷彗星回归的年份内发射,需要计算年计窗口和月计窗口;发射地球资源卫星、照相侦察卫星,要求航区和目标区域有较好的地面光照条件,应选择合适的月计窗口和日计窗口,以避开地球阴影和不良气象条件的影响。

海上发射和空中发射各有什么优势？

航天发射除了选择陆基发射外，还可以选择海上发射和空中发射。

海上发射设施可分为固定式海上发射平台和移动式海上发射平台。意大利的圣马可发射场的发射设施就属于固定式海上发射平台，在 20 世纪 90 年代前曾多次发射过卫星。移动式海上发射平台的优势在于"移动"，只有"移动"才能选择有利的发射点。20 世纪 90 年代，由美国、乌克兰、俄罗斯和挪威等国组建的海上发射公司，采用奥德赛移动式海上发射平台（图 1），可在赤道水域的任何地点进行发射，能最大限度地发挥运载火箭的能力，具有较强的发射适应性和商业价值。

与海上发射相比，空中发射小型卫星，不需要长时间的往返航行补给，具有更加灵活的优点。目前，美国、俄罗斯均在空中发射技术方

图 1　奥德赛移动式海上发射平台

面开展了大量的研究工作。1990 年 4 月 5 日，美国轨道科学公司的飞马座火箭首次由专门改装的 B—52 轰炸机携带到 13 千米的高空，然后点火发射，成功地将一颗重 191 千克的卫星送入高 584 千米的极地轨道（图 2）。

可以预测，未来航天发射将向

多样化方向发展，陆基固定发射场仍将是载人航天发射及大型、重型运载火箭发射的唯一方式，而海上发射和空中发射等发射方式，将作为陆基固定发射方式的补充，得到长足发展。

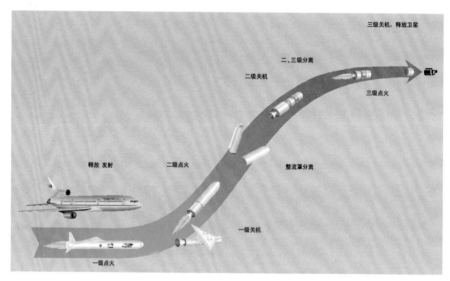

图2 飞马座火箭空中发射示意图

第9章
测控通信系统

太空中的航天器靠什么有序运行？

人类至今已先后将各种卫星、飞船、航天飞机和空间站（下图）等 6 000 多个航天器送入太空。越来越拥挤的太空之所以没有变得杂乱无序，是因为有一张神奇的网始终引导着这些航天器按照自己的轨道飞行，即使偶尔偏离轨道也能很快"迷途知返"。它能够时刻知道这些航天器是否工作正常，也了解每个航天器在执行什么使命。如果某个航天器发生了故障，还能得到及时抢救和精心照料。即使意外失

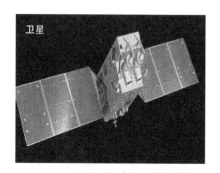

各类航天器

控陨落，人们也能及早发现，以防止或尽量减轻其对地面生命财产的损害。这张神奇的网就是庞大的航天测控网。

航天测控网就像一张天网，始终掌控着飞船的"一举一动"。有人把飞船比作"风筝"，那么测控网中遍布国内外的测控站和分布在三大洋的远洋测量船就是牵住"风筝"的那一根"线"，地面的指挥控制系统就像放风筝的人，通过这条看不见的"线"对飞船飞行状态、飞船上各种仪器和航天员进行监视，并进行指挥控制。

79 飞船发射成功的标志是什么？

运载火箭的任务就是将载人飞船送入太空。在火箭将飞船推至预定高度和速度后，火箭和飞船分离，飞船进入预定轨道，即表明发射成功。那么，如何判断发射是否成功呢？

地面判断发射是否成功的标准有两点：一是船箭是否正常分离，二是火箭是否将飞船送入预定轨道。判断的主要依据是外弹道测量和遥测两种信息。利用外弹道测量信息判断的过程是：地面测控站和海上测量船上的雷达测量火箭和飞船的轨道，雷达测量数据传送到发射指挥控制中心后，中心计算机系统会计算出分离点参数和飞船入轨后的初始轨道根数，与理论轨道进行对比，差别在允许范围内则可以认定飞船轨道满足要求，飞船发射成功。利用遥测信息判断的过程是：地面遥测设备接收火箭和飞船的遥测信息，选出和处理船箭分离以及飞船入轨时的有关参数，专家和技术人员在判定主要参数正确后，便可认定发射成功了。

80 如何确定和预报飞船的轨道？

飞船在广袤的太空中高速飞行，地面如何知道飞船现在在哪里，将来又飞向何处呢？这就要谈到航天测控网的一项重要职能，即飞船轨道的确定和预报。

飞船轨道的确定就是估算飞船沿着什么轨道飞行，即估算飞船的 6 个轨道根数。轨道估算出来后，就可以知道飞船现在的位置和速度。通过轨道预报，还可以知道飞船将来任一时刻的位置和速度。当然，由于影响飞船运行轨道的因素很多，要想准确预报飞船轨道，不仅需要估算飞船的轨道根数，还需要估算很多影响轨道的其他参数。

那么，地面是如何估算飞船轨道的呢？首先，通过地面测控站测量飞船相对于地面测控站的距离、距离变化率和角度等测量信息。仅有这些测量信息还无法直接得到飞船的轨道，但我们可以对飞船的受力情况进行较为准确的建模，如建立高阶的地球引力场模型、大气模型、太阳光压模型和第三体引力模型等。据此，给定一个飞船的初始状态后，就可以较为准确地计算相应的飞船轨道，当飞船轨道对应的理论量与实际观测量出现偏差时，根据这个偏差修正飞船初始状态，直到偏差足够小为止，这就是轨道确定的过程，如下图所示。完成轨道确定后，根据飞船动力学模型进一步计算未来时刻飞船的位置和速度，就是轨道预报。

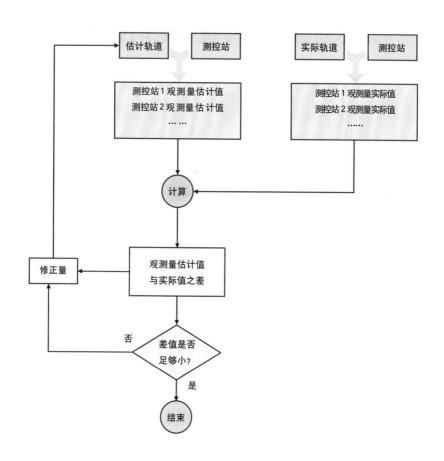

轨道估算过程示意图

81 地面怎么与太空中的航天员通电话?

大家都知道,地面不同地点的两人之间利用移动电话通信,需要手机以及覆盖一定区域的众多无线基站。移动电话通信与地面固定电话通信的区别在于前者不使用复杂的纵横交错的地面有线传输网络,而是采用无线电波传输信号,用户可以随时随地进行通话。

天地通话类似于移动电话通信,首先需要在地面和飞船配置天地通信设备,沟通无线天地通信信道(图1)。

目前我国载人航天工程天地通信采用 S 频段统一测控通信系统、天地超短波通信系统、短波通信设备和天链 1 号数据中继卫星系统。S

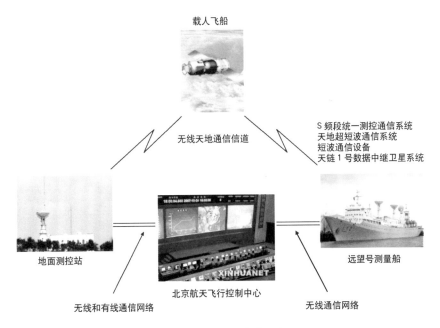

载人飞船

无线天地通信信道

S 频段统一测控通信系统
天地超短波通信系统
短波通信设备
天链 1 号数据中继卫星系统

地面测控站

北京航天飞行控制中心

远望号测量船

无线和有线通信网络

无线通信网络

图 1 无线天地通信信道示意图

频段统一测控通信系统具有双向数字话音通信、视频图像传输、测轨、遥控及遥测多种功能；天地超短波通信系统利用超短波无线电信道传递双向数字话音和航天员关键生理遥测参数；短波通信设备利用短波无线电信道传输半双工模拟话音或定向信息；天链1号数据中继卫星系统利用微波信道通过天链1号数据中继卫星传输数字话音或遥测数据。这些设备中S频段统一测控通信系统为主用设备，其他设备作为辅助手段，保证地面与航天员间通话的稳定可靠。S频段通信和超短波通信的传输能力强，但通话范围限于地面站对飞船的可见区域；短波通信设备简单，利用经电离层反射的无线电波可进行超视距通信，通信范围可扩大到地面站可见范围之外；天链1号数据中继卫星通信，由于天链1号数据中继卫星在距离地面约36 000千米高度的地球静止

轨道运行，其01星和02星的测控通信覆盖区域可提高到70%以上。

由于受飞船体积和功耗的限制，通常飞船上安装的天地通信设备尺寸较小，发射功率不大。飞船上的通话终端有与航天服（舱内压力服）结合的头盔式通话组合和普通头戴式通话组合两种类型（图2）。由于飞船内噪声比较大，要求这些通话组合具有较强的抗噪声能力。在飞船返回舱航天员座椅附近以及飞船轨道舱内均安装有话音插座。话音插座设备与飞船上的天地通信设备的输入、输出端相连，终端与舱内压力服上的头盔式通话组合或普通头戴式通话组合相连。在载人航天飞行任务的待发段、上升段以及返回着陆段，航天员处于返回舱，穿着航天服，使用与舱内压力服结合的头盔式通话组合与地面通话。在飞船运行段，飞船正常飞行，航天员穿着工作服在返回舱和轨道舱

图 2　航天员配戴头盔式通话组合及普通头戴组合

内工作，使用普通头戴式通话组合与地面通话。

　　为了和太空中的航天员通话，地面测控站也要配备相应的天地通信设备。为了保证通信质量，弥补飞船设备发射功率小、接收机灵敏度低的不足，测控站设备一般要采取提高发射机发射功率、使用高增益定向跟踪天线以及提高地面接收机灵敏度等措施。测控站经过卫星通信信道或地面光纤通信信道与北京航天飞行控制中心沟通通信信道，使航天员与指挥人员直接通话。多种天地通信系统相结合，连接着飞船和北京航天飞行控制中心，保证地面与航天员的天地通话就像我们在地面打电话一样自然、清晰。

82 地面是如何看到飞船内航天员图像的?

就像地面与太空中的航天员通话一样,地面看到飞船内航天员的图像,也要通过S频段统一测控通信系统以及地面测控通信系统,形成地面与载人飞船之间的无线电视信道。飞船中摄像机拍摄的航天员工作和生活的画面,通过该信道送达北京航天飞行控制中心,地面工作人员通过监视屏幕就可以看到航天员的图像了(下图)。

飞船内航天员的图像

神舟7号飞船的几个关键部位安装有多个摄像机,可以进行多部位、多角度的拍摄,摄录多路视频图像。地面通过遥控指令,对这些视频图像进行选择切换,并将选择后的一路或多路图像通过无线天地通信信道传输到地面,地面就可以看到内容丰富的航天员图像了。

83 地面医生如何了解太空中航天员的身体状况?

飞船进入陌生的太空环境后,航天员的感觉如何?睡眠好不好?饮食是否正常?心率、血压怎样?诸如此类的问题,是航天员系统医监医保医生(简称地面医生)需要随时了解的问题,也是社会公众比较关心的话题。那么,地面医生怎样了解太空中航天员的身体状况呢?

就像普通的医生给病人看病一样,地面医生了解太空中航天员的身体状况仍采用"望闻问切"的方法,是典型的"网上诊断"(图1)。通过天地通信系统,地面医生能够看到在轨道上高速飞行的载人飞船中航天员或出舱活动航天员的图像,听到航天员的声音,获得航天员的有关生理参数。

通过图像信息,地面医生可以非常直观地了解航天员在太空中的工作和生活情况;通过天地通话,航天员可以将自己在太空中的饮食、睡眠以及身体感觉等情况告诉地面医生。地面医生将航天员的生理遥测数据制作成实时的表格和图形,显示在计算机及大屏幕上,以便对航天员状态的了解更加全面,也更

图1 地面医生通过天地通信系统了解航天员的身体状况

加数据化和形象化。

通过天地通信系统，航天员的一举一动、一言一行以及生理遥测参数波形（图2），都可以清晰地展现在地面医生的面前，使地面医生可以全面、准确地了解太空中航天员的身体状况，仿佛航天员就在自己的身边。

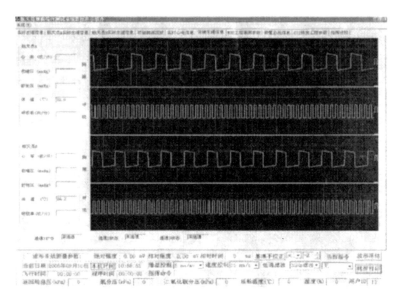

图2　航天员的生理遥测参数波形

🐵 地面如何对航天员出舱活动进行测控通信支持?

出舱活动是航天员穿着舱外航天服在航天器外进行太空行走和作业的统称。出舱是高风险活动,航天员将面临高真空、高热、深冷、太阳辐射、离子辐射、微流星和空间碎片等严峻的空间环境。舱外航天服以及出舱保障设备必须在这种极端恶劣的环境中为航天员提供安全的生存条件,任何一点故障都可能导致出舱活动失败,甚至威胁到航天员的身体健康和生命安全。因此,进行出舱活动必须做到对事故隐患及时发现、迅速处理,这就需要得到地面测控通信的有力支持。那么,地面测控通信是如何对出舱活动进行支持保障的呢?

出舱活动通常按时序分为 4 个阶段:在轨检查和训练、出舱前准备、出舱活动及舱内环境恢复阶段。

在轨检查和训练阶段。航天员与地面配合完成舱外航天服的在轨组装和全面检查,并进行在轨训练。地面除了通过遥测对飞船和航天员状态进行监视外,还通过与航天员通话和电视图像,了解航天员的操作过程,并配合航天员利用舱外航天服上的通话设备进行有线和无线通信试验。

出舱前准备阶段。进行航天员的状态检查、船—服联合检查、穿航天服前的检查和准备,以及出舱前的操作。包括舱外航天服和船舱对接系统的气密性检查,舱外航天服的大流量氧冲洗,以及轨道舱泄压等有关控制功能的操作,这些操作对保障航天员顺利出舱至关重要,需要地面重点关注。

出舱活动阶段。航天员出舱,

完成舱外活动后返回轨道舱。在正式出舱前，航天员要向地面报告自我状态和出舱前的准备情况，地面确认航天服、航天员和轨道舱状态符合要求后，通知航天员出舱活动正式开始。

整个出舱活动期间，要求通过电视和话音通信等手段对航天员实施尽可能连续的监视和通信支持。根据我国航天测控网的布局和飞船飞行轨道的设计，神舟7号任务出舱活动安排在飞船入轨的第2天，从第29圈进入远望3号测量船测控区开始到第30圈飞出远望6号测量船测控区的时间段内完成，如下图中粗实线所示。

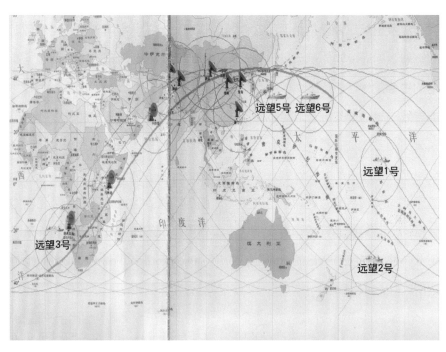

航天员出舱活动段轨迹示意图

从图中可以看出，从远望 3 号到远望 6 号测量船，沿着飞船的船下点轨迹有一连串的测控站（船），像奥运火炬接力一样，一站接一站地迎接着飞船的到来。有了这些测控站，航天员即便只身漂浮在茫茫太空，也不会感到孤单，他的一举一动都与地面紧紧相连。通过航天服上的有线或无线通信设备，航天员可以与飞船取得联系，就像我们通过手机或固定电话跟家人联系一样，还可以把自身的状态参数传给飞船。飞船则通过功率更大的发射机将信号传回地面，使航天员出舱活动的风险进一步降低，也让远在几百千米之外的地面指挥人员和亲人放心。

舱内环境恢复阶段。航天员返回轨道舱进行舱内环境恢复，包括关闭轨道舱舱门并检漏，检漏合格后进行轨道舱和舱外航天服压力的恢复，脱舱外航天服，打开返回舱舱门。在这个过程中，地面要严密监视轨道舱复压过程和环境控制生命保障系统的相关参数，一旦出现问题要及时采取措施。轨道舱复压至 40 千帕是复压过程的重要节点，在神舟 7 号任务中该关键事件进行时，飞船位于赤道附近的太平洋上空，为此专门在该点安排了一艘测量船，以保障对复压过程关键事件的测控通信支持。

85 地面如何控制伴星对飞船进行绕飞？

1. 实现伴星绕飞需要什么条件

伴星在航天领域是指伴随某个航天器飞行的卫星，通常用于对伴飞目标进行观察或合作完成某种任务。伴随飞行的相对轨迹，根据伴星和伴飞目标初始相对运动状态的不同而千差万别，绕飞是其中很有意思的一种。

大家知道，月球围绕地球飞行，是地月间的万有引力使然。而伴星和伴飞目标的质量很小，二者之间的万有引力微乎其微，那么，伴飞目标凭什么让伴星绕着自己飞行呢？

其实，这种绕飞只是相对运动形成的视觉效果，伴星和伴飞目标在各自独立的轨道上飞行互不影响，当伴星形成对伴飞目标的绕飞后，相对于伴飞目标时而在上、时而在下，时而在前、时而在后，看起来就像绕其飞行一样。现在，假如我们坐在沿圆轨道飞行的飞船里，如何才能让伴星看起来是绕着我们飞行呢？

实现绕飞的首要条件是要保证伴星和飞船的轨道周期相同。轨道周期表征了航天器绕地球飞行的快慢，相当于速度的概念，可以理解为轨道周期越小，飞行越"快"，反之越"慢"。实现绕飞时伴星和飞船形影不离，因此必然要具有相同的"速度"。

仅仅周期相同还不够。假如飞船在前，伴星在后，那么后面的伴星永远也追不上前面的飞船，就像一前一后、时速相同的两辆汽车总也不能并排行驶一样。因此实现绕飞还需要伴星和飞船之间的距离足够近。

现在，假设伴星和飞船足够近，轨道周期也相同，那么是不是就能实现绕飞了呢？还不是。如果伴星和飞船轨道完全相同，那么它们的前后和上下相对距离是不变的，也形不成绕飞，因此实现绕飞还需要伴星和飞船轨道的偏心率或近地点幅角有所不同。如果偏心率不同，两个飞行器轨迹的关系可以想象成是一个圆镯子和一个压扁了一点的椭圆镯子重叠放置在一起的情况，两个镯子边缘不会完全重合而是存在交错，从相对运动的角度看，就能形成一上一下、一前一后的相对运动；如果近地点幅角不同，两个飞行器的轨迹可以想象成两个压扁了的椭圆镯子重叠放置，但其中一个镯子旋转了一个角度，使两个镯子不完全重合，同样两个镯子边缘存在交错，对应一上一下、一前一后的相对运动。

对于在同一个轨道面上飞行的伴星和飞船，形成绕飞必须满足上述三个条件，当然，要形成大小、形状等满足要求的绕飞轨道，还需要精心设计变轨控制参数。

2. 如何控制伴星实现对飞船的绕飞

知道让伴星对飞船形成绕飞的条件后，怎样控制伴星实现对飞船的绕飞呢？

假设飞船和伴星在同一平面的近圆轨道上飞行，伴星落后飞船一段距离。要实现绕飞，首先要让伴星追上飞船。为此，伴星先减小自己的轨道周期，提高自己的"速度"。这可以通过伴星的变轨发动机来实现。

有意思的是，在地心引力作用下，要想让伴星追上飞船，变轨发动机必须沿伴星速度方向施加反向推力，也就是降低伴星的实际飞行速度。实际飞行速度降低后，伴星的轨道高度就会降低，伴星的周期也会减小，从而使绕地球旋转的角速度增大。这一现象可以在日常生活中找到类似的例子。比如，我们用绳子拴一个小球，让它像飞机螺旋桨一样旋转，如果在旋转过程中绳子不断缠绕在手指上，那么小球的旋转半径就会越来越小，旋转的角速度就会越来越大。实际任务中伴星何时变轨、每次变轨开机多长时间等具体要素，还要取决于地面测轨条件、发动机性能、伴星和飞船相对距离等因素。

伴星追到飞船附近后，就需要降低伴星的"速度"，以便实现与飞船比翼齐飞。伴星的"刹车"也是通过变轨发动机来实现。绕飞是不是完美，取决于刹车前伴星和飞船相对位置的测量精度和伴星的变轨控制精度。当然伴星变轨的目的不仅仅为了刹车，还需要保证绕飞轨道特性符合任务要求，这就要求精心选择变轨时机和推力方向。

我们都有从电视上观看F1方程式赛车的体验，那些风驰电掣般的赛车尽管快得让人心惊胆战，整个车流却又行云流水般地彼此相安无事。假如我们能站在太空中看伴星的绕飞，也一定会感受到这种极速运动中的精确美。

86 天基测控网能够完全代替陆海基测控网吗？

大家知道，天基测控网有明显优势，那么，它会完全取代陆海基测控网吗？这种想法是合理的，也是今后的努力方向，但目前尚存在一定的技术困难，尤其对载人航天任务中飞船上升和返回阶段的测控支持，陆海基测控网仍是不可替代的。

1. 有哪些环节需要陆海基测控网

1）飞船上升段。由于载人航天任务的高安全性、高可靠性要求，上升段对测控精度和实时性的要求非常高，要求快速测定运载火箭的轨道，并在飞船入轨后较短时间内提供飞船的初始轨道。

若单独使用天基测控网，在上升段，虽然可使用箭载全球定位系统获得火箭的精确定位信息，但这些信息要通过中继卫星转发才能下传，一上一下就有几百毫秒的延迟，实时性将大打折扣，会给后续处理

分析和安控带来较大的影响。另外，由于火箭与中继卫星的距离较远，为了能与中继卫星通信，就必须在火箭的特定位置上安装增益较高的中继天线，而火箭的气动特性不允许使用凸出到箭体外部的天线。同时由于火箭飞行时的加速度大，飞行弧段短，很难保证中继卫星天线与火箭天线的快速相互捕获，火箭遥测信息和定位信息通过天基网传送有一定难度。

目前由于技术的限制，飞船上的卫星导航系统在抛掉整流罩几分钟后才能接收到导航卫星信号。若可观测到的导航卫星数量少或几何分布不好，到正常箭船分离时将没有足够的时间定轨。另外，由于安装空间受到限制，飞船中继天线在入轨之后才能展开工作，没有足够的时间完成中继星转发测距和卫星导航信息，也就无法及时完成定轨

功能。总之，在上升段，天基测控网难以完成初始轨道的确定任务。

2）飞船返回段。在返回段，飞船要改变运行轨迹，中继卫星系统最多只能测得2个距离量（及其变化率），不足以确定这种机动轨道。

另外，由于飞船在返回过程中需要调整姿态以达到最佳返回状态，飞船上的中继天线与中继卫星时而可见、时而不可见，实现双方信号捕获的难度较大，如果在这种情况下无法建立飞船与天基测控网的通信通道，飞船定位信息也将无法通过中继卫星系统转发下传到地面进行处理。当飞船进入黑障区时，天基测控网的一切业务全部中断，因此单独使用天基测控网将很难完成返回段的测控任务。

此外，目前已建成的天基测控系统对于高轨和深空航天器都无能为力，必须由陆海基系统来测控。

还有不可能使用高增益大口径天线和大功率发射机的小卫星，也只能依靠陆海基测控网。

2. 不可替代，相辅相成

为保证载人航天飞行任务的圆满完成，天基测控网和陆海基测控网还需要相互配合。尤其在飞船的上升段和返回段，地基测控站距离测控目标较近，天线发射功率大，测控信号强，目标上即使利用低增益全向天线也能保证测控链路畅通；在运行段，现有的陆海基测控网具有较好的任务支持能力和可靠性保证，在后续载人航天飞行任务中可作为天基测控网的有效备份手段。

尽管如此，航天科技的进步显而易见，高新技术的应用不可阻挡，陆海基测控网与天基测控网结合的一体化测控网将逐渐壮大并成为主力军，这是载人航天测控网发展的必然趋势。

第10章
着陆场系统

飞船返回舱是如何返回地面的？

载人飞船完成预定任务后，载有航天员的返回舱要返回地球，整个返回过程需要经过返回调姿段、制动离轨段、过渡段、再入段和着陆段 5 个阶段。

1. 返回调姿段

返回调姿段从第一次返回调姿开始起至第二次返回调姿结束止。

返回前，飞船首先要进行第一次返回调姿，即使飞船相对于轨道舱朝前的飞行方向向左偏航 90°；

由轨道舱在前、返回舱居中、推进舱在后的状态变为横向飞行状态。紧接着，轨道舱与返回舱以 1～2 米／秒的相对速度分离，轨道舱留在太空轨道继续运行，这就是轨道舱分离。此时，飞船变成了推进舱和返回舱的组合体（下图）。

飞船（两舱组合体）进行第二次返回调姿，使偏航角为 180°、俯仰角为 −14.5°，即形成制动姿态，变成推进舱在前、返回舱在后

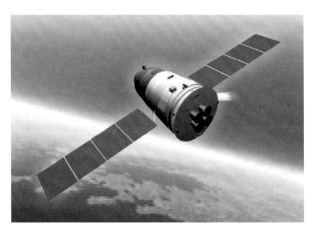

返回舱和推进舱组合体

的飞行状态。

飞船在制动姿态下，推进舱的两台制动发动机点火工作，产生相对飞船飞行方向后下方的作用力，使飞船飞行速度降低，速度方向沿当地水平面偏下，从而脱离原飞行轨道进入返回轨道，这个制动过程可比喻为"刹车"。

2. 过渡段

飞船从制动发动机关机到进入大气层之前，空气阻力很小，主要是在地球引力的作用下呈自由下降飞行状态，因此，这个阶段称为过渡段。

在这个飞行阶段，飞船按照计划在下降到 145 千米高度时要完成推进舱分离、返回舱建立再入姿态等重要飞行事件。其中，推进舱在与返回舱分离后，会在进入大气层后烧毁。返回舱建立正确的再入姿态角（再入大气层时，返回舱的纵轴与当地水平面的夹角）是一项重要的工作，这个角度必须精确地控制在一定范围内，以便使返回舱再入大气层后，能够较快地达到配平攻角状态，避免消耗过多的推进剂，并减小飞船返回舱的摆动。

3. 再入段

从返回舱在 100 千米高度进入稠密大气层到飞船回收着陆分系统开始工作的飞行阶段称为再入段。

返回舱进入稠密大气层后，承受气动加热和再入过载，是返回过程中环境最为恶劣的阶段。随着高度的降低，空气密度越来越大，返回舱与空气剧烈摩擦，使其底部温度高达数千摄氏度，返回舱周围被火焰所包围，因此，对返回舱要采取特殊的防热措施。返回舱下降到一定高度时，接收不到地面发送的无线电信号，地面也接收不到返回舱发送的无线电信号，这个区域被称为"黑障区"。

当返回舱轴向过载达到规定指

标时，返回舱实施升力控制，使返回舱过载不超出航天员所能承受的范围，并且用升力控制来控制返回舱着陆点位置，使返回舱返回预定着陆场。

4. 着陆段

返回舱从打开降落伞到着陆这个过程称为着陆段。

随着高度的降低和速度的减小，返回舱所受到的气动阻力与地球引力渐趋平衡，返回舱以大约 200 米／秒的匀速下降。但如果返回舱以这个速度冲向地面，后果将不堪设想，

所以必须使返回舱进一步减速。在距地面 10 千米左右高度，飞船的回收着陆分系统开始工作，先后拉出引导伞、减速伞和主伞，使返回舱的速度缓缓下降，并抛掉防热大底，在距地面 1 米左右时，启动着陆反推发动机，使返回舱实现软着陆。

为了提高着陆的可靠性，返回舱上除装有主份降落伞系统外，还装有面积稍小的备份降落伞系统。一旦主份降落伞系统在打开过程中出现故障，可在规定高度应急启用备份降落伞系统，使返回舱安全着陆。

黑障对飞船返回舱再入返回有何影响?

飞船返回舱返回大气层后,由于气动加热,贴近返回舱表面的气体分子被分解和电离,形成一个等离子层。由于等离子体具有吸收和反射电磁波的能力,因此包裹返回舱的等离子体层,实际是一个等离子电磁波屏蔽层。所以当返回舱进入被等离子体包裹状态时,舱外的无线电信号进不到舱内,舱内的无线电信号也传不到舱外,一时间,舱内外失去了联系,这就是黑障现象(下图)。黑障的范围取决于再入体的外形、材料、再入速度,以及发射信号的频率和功率等。黑障给载人飞船再入返回时的实时通信和再入测量造成困难,目前尚无很好的解决办法。好在造成屏蔽的时间很短,而且当返回舱出现黑障时,是处于正常下降轨道状态,没有无线电测控也影响不大,仅 4 分钟左右返回舱降至约 20 千米的高度,黑障即可消除。此外,黑障区的飞船遥测数据已记录在"黑匣子"中,可供飞船着陆后提取使用。

要彻底解决黑障问题,我们还要期待航天技术未来的发展。

飞船返回舱进入黑障区

89 地面如何控制飞船返回?

在飞船返回地面过程中,地面测控网起着非常重要的作用,主要包括以下三方面。

1.计算飞船返回控制参数

飞船返回控制参数包括:制动发动机的工作时间,制动角、分离点,着陆时间、着陆位置、停控点的风修正量等一系列与飞船返回着陆相关的参数。返回控制计算方案也有多种,比较常用的一种计算模型是:根据瞄准着陆点的位置,按照某项参数固定不变的原则,确定制动位置和制动发动机的点火时刻,并迭代计算发动机开机时间和速度增量,再按照与飞船上固定好的标准升力控制制导规律,确定制动角等其他参数,进行飞船返回轨道的预报和计算。

上述有关计算结果(包含制动发动机的开机时刻,制动速度增量,制导、导航与控制系统停控点的风修正量等)与飞船系统计算的结果相比无误后,通过地面测控站发给飞船,让飞船按照事先设定的程序顺利返回。

2.控制飞船返回

地面测控网控制飞船按照预定飞行计划返回地面,正常情况下,地面向飞船发送轨道参数、返回段飞行程序和返回控制参数,飞船按照设计好的程序返回地面。为使整个过程更加精确和可靠,除对返回段飞行程序进行必要的及时更新外,还要让飞船下传返回段飞行程序,由地面人员进行检查和确认。

测控网还要根据飞船工作情况,在一些关键点适时向飞船发送指令,其中包括轨道舱分离指令、推进舱分离指令、建立再入姿态指令以及启动飞船回收着陆分系统工作指令等。

在飞船返回全过程中，测控网要密切监视飞船状态，必要时进行干预，确保飞船按照预定程序返回着陆场。

3. 返回舱落点预报

飞船完成飞行任务后，返回舱将降落在哪里呢？为了回答这个问题，就要进行返回舱落点预报，即综合飞船有关信息、按照一定模型在地面仿真飞船返回过程，获得返回舱的返回圈次、着陆时间及着陆位置。这项工作非常复杂且责任重大，通常由北京航天飞行控制中心来完成。

为了使计算出的飞行轨道更准确，即与返回舱上的计算更加一致，在计算过程中需要考虑一系列外部条件，包括：飞船返回的初始参数（位置和速度等），飞船的结构参数，气动特性参数，制动发动机的工作参数，大气模型参数，以及飞船上预先"安装"好的标准返回轨道参数等，这些环境条件考虑得越周全、

误差越小，作出的返回舱落点预报也就越精确。

返回舱落点预报的精确度直接影响着航天员搜索、救援的及时性和安全性。因此，这项指标历来受到航天任务决策者和实施者的关注，也是衡量一个国家航天技术水平的重要标志之一。

影响落点预报精度的因素有哪些？怎样才能提高落点预报的精度呢？

一是要选择最优的制动条件，减小初始误差，提高控制精度；

二是要减小返回舱质量的计算误差；

三是采用速度增量关机方式对飞船过渡段的轨道进行控制，提高再入点的精度；

四是提高飞船上测量元器件的水平，减小测量误差；

五是优化再入控制制导规律，增强再入控制能力；

六是优化飞船设计水平和风洞试验方法，减小升阻比误差；

七是进行准确的气象预报，建立精确的再入区标准大气模型，并进行制导、导航与控制分系统停控点的风修正。

这些内容专业性很强，也很抽象，理解起来有一定困难，我们可以通过下面这个例子来说明在工程实践中是如何修正着陆区的空中风对返回舱落点预报的影响的。在返回舱预定开伞时刻前，着陆场区的气象人员连续测量该地区空中的风速、风向、温度、气压和湿度等气象要素，并传送至北京航天飞行控制中心。飞控技术人员综合利用这些参数，结合返回舱开伞后的运动模型，计算出返回舱开伞点的控制修正量，在飞船通过测控站上空时发送给飞船，飞船就按照此修正量进行制导控制，调整开伞点位置，让返回舱在此点开伞。这样，风对乘伞下降过程中返回舱的影响在开伞点就进行了修正，使返回舱在预定的瞄准点附近着陆。下图为飞船返回示意图。

飞船返回示意图

90 我国载人航天着陆场为什么选在陆上？

载人航天有两种回收方式，一种是海上回收方式，一种是陆上回收方式。美国采用海上回收方式，苏联/俄罗斯采用陆上回收方式。我国为什么也采用陆上回收方式呢？

我国载人航天着陆场选在陆上是综合考虑了多种因素作出的科学选择，具有鲜明的中国特色。

首先，飞船在陆上着陆对飞船结构设计要求相对简单，在水密性、供电等方面要求较低。

其次，航天员在陆上等待救援的舒适性和安全性远比在海上要高，陆上救援的投入也要比海上救援的投入小。

最后，从我国航天发展的继承性看，经过 30 多年的建设，已在国内建立了多个综合地面航天测控站，能够为载人飞船的返回提供较好的测控支持；我国成功发射了多颗返回式卫星，均成功降落在位于四川盆地的预定回收区。

下图为神舟 1 号飞船返回舱着陆现场。

神舟 1 号飞船返回舱着陆现场

91 我国载人航天主着陆场在什么地方？

正常情况下，飞船返回舱应返回至主着陆场，这里测控和搜救资源丰富，能够最大程度地保障航天员的安全，因此，主着陆场的使用概率最高，选择过程也非常严格、慎重。

通过反复的科学计算与综合论证，并进行多次空中、地面详细勘察，内蒙古自治区中部的四子王旗最终被确定为中国载人航天主着陆场（下图）。

主着陆场位于阴山山脉的大青山北部，地势平坦，平均海拔高度 1 000～1 200 米，该地区属沙质草地，温带大陆性气候，干燥、少雨、多风，年平均气温 1～6 摄氏度，年平均降水量 310 毫米。该地区以畜牧业经济为主，牧民基本定居，偶尔可见蒙古包的影子，人烟稀少，平均每平方千米不超过 10 人。

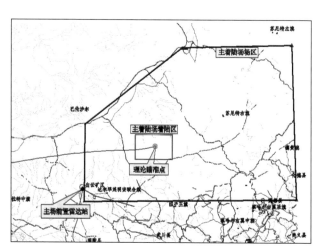

中国载人航天主着陆场示意图

92 飞船返回后，如何快速找到飞船返回舱？

为保证航天员搜救队及时搜索到返回地面的返回舱，除在飞船返回航迹上布设一定数量的雷达，跟踪测量返回舱轨道并预报落点位置外，返回舱上还配有自主标示自身位置的着陆标位设备，告诉搜救人员"我在这里"。返回舱上的着陆标位设备以发送国际救援组织规定频率和格式的无线电设备为主，主要有超短波信标、超短波通信设备、国际搜索救援示位标等（下图）；为方便夜间寻找返回舱，在返回舱"肩部"位置装有闪光灯，直升机据此能在夜间发现 3～5 千米远的返回舱；当返回舱溅落在海上时，在波浪翻滚的大海里，直径小于 3 米的返回舱更难以发现，为引导飞机和救捞船搜索返回舱，在返回舱

返回舱着陆后弹出的短波和超短波信标天线

"底部"装有海水染色剂，当返回舱溅落水上时，海水染色剂会缓慢释放，将附近水面染成亮绿色，持续时间可达 4 小时。

返回舱的主伞伞衣用对比度强烈的同心圆彩带做成，而彩条的颜色组合可以根据飞船返回季节的大地背景进行选择。利用这种与大地背景反差很大的降落伞，可以增大返回舱的空中发现距离。

93 飞船返回后，航天员为什么不能立即出舱？

我们在看载人航天返回的电视直播时都有这样一个感觉：当搜救直升机降落在返回舱附近时，我们都迫不及待地希望看到航天员面带胜利的喜悦，神采奕奕地从返回舱内走出来，接受美丽的蒙古族少女献上洁白的哈达和漂亮的鲜花，享受人们的欢呼。

事实上，航天员在失重环境中工作和生活一段时间后，会出现不同程度的体液头向转移、骨骼肌萎缩和骨钙质流失等变化。当飞船返回着陆后，航天员从微重力条件下回到地面的正常重力环境会有短时间的不适应。由于立位耐力下降，航天员往往感到全身乏力，会出现面色苍白、血压降低等现象。由于航天员存在个体差异，有的航天员会出现平衡系统功能紊乱，可能发生眩晕、恶心和呕吐等症状。通常

航天员返回地面后需要一段时间重新适应重力环境，科学的出舱时间应该是在返回舱着陆后 40 分钟左右。航天员在返回舱内进行重力环境再适应期间，医生可以进入返回舱，对航天员进行身体检查，必要时，可以为航天员补充体液。如果航天员没有明显的不适，可以自主出舱（下图）。如果航天员反应强烈，则由救援人员协助航天员出舱。

航天员杨利伟自主出舱

94 受伤航天员如何出舱？

返回舱正常着陆后，如果航天员身体状况良好，那么航天员应首先自行断开胸前的压力调节器，打开面窗，摘下手套，并断开航天服与返回舱内座椅边连接的各种管线（通风供氧、通话、生理信号），然后由舱口攀爬出舱。如果返回舱呈垂直着陆状态，救援人员应在出舱平台上协助航天员出舱。

当航天员由于健康问题，无力自行出舱时，由航天员训练中心的医生进入返回舱，帮助航天员完成相关操作，然后用特制的吊带挂扣在航天服外面，将航天员从舱口提拉出舱，再沿平台的滑梯送到地面。

当航天员由于着陆意外，产生较为严重的健康问题时，如出现昏迷或骨骼受伤等情况，医生应下到舱内，将航天员与返回舱座椅上的赋形坐垫固定，再用出舱吊带将航天员和赋形坐垫一起提拉出舱。赋形坐垫是按照航天员着航天服的尺寸和形状量身制作的减振垫，用半硬材质制成，形状类似半个花生壳，具有较好的包裹性，利用赋形坐垫出舱可以避免航天员二次受伤。下图为赋形坐垫模型。

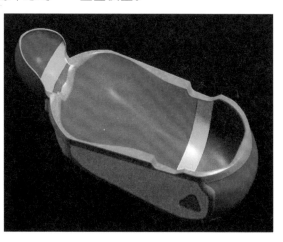

赋形坐垫模型

第11章
载人航天未来展望

95 载人火箭的发展趋势是什么？

20 世纪末，航天界有识之士曾提出今后火箭应该贯彻低成本、无污染、大推力 3 条原则同时兼顾经济效益，得到了各国航天界的赞同。秉承这一思想，作为载人运输工具，重视和强调可靠性、安全性、先进性及经济性成为现在及今后载人火箭设计的指导思想。

1. 低成本

发射一次性载人火箭，发射费用动辄上亿美元，这让未来相对频繁的空间活动压力不小。因此研制成本较低、可重复利用、可快速发射、具备较大载荷能力、能够进行较长时间飞行的天地往返运输系统将是未来载人航天发展的一个可能趋势，如部分重复使用载人火箭和完全重复使用载人火箭。部分重复使用载人火箭是指关键组件在发射后可以采用弹道式气动减速装置（或反推火箭）着陆或带翼自主返回地面，经检修和试验后可重复使用，而其他部件则在空中被抛掉的航天运输工具，如美国的航天飞机（下图）。但最终发展趋势应该是完全重复

美国航天飞机发射

使用载人火箭——不仅可以降低运载器的硬件成本，还能将人员与设备送返地面，从而显著降低地面操作费用，提高发射频率。

鉴于美国航天飞机并未达到降低发射成本的预期目标，因此以可重复使用来降低成本的路还很遥远。

2. 无污染

开发使用无污染推进剂的火箭，毋庸置疑是载人火箭发展的必然趋势。液氢／液氧以及煤油／液氧等已成为当前火箭推进剂的主流，而对未来清洁、高效推进方式在火箭中的应用，人们则展开了丰富的想象，并进行了部分可行性研究，如使用太阳能、激光等作为推动火箭的能源。

设想中的激光推进火箭是一种利用高能激光来加热工作气体并使气体热膨胀产生推力的方式，突出优点是不需携带燃料。通过地面上的强激光发生器，将强激光束射向火箭发动机的喷管，使那里的气体在骤然之间被加热到几千度的高温，气体压力急剧升高到几百个大气压，发生微型爆炸。爆炸产生的冲击波以超声速迎着激光束扩散，一方面产生反作用力，另一方面阻隔激光束，使激光失去作用。冲击波过后，激光束恢复作用，产生新的冲击波，如此形成激光脉冲和冲击波，由此产生的反作用力形成强大的火箭推力，将航天器送入太空。穿越大气层后，只需少量工作物质即可工作。采用激光推进，不仅降低了火箭的污染度，而且提高了有效载荷的携带能力，大大降低了发射费用。

3. 大推力

载人火箭目前可携带的有效载荷一般为10吨级，最大不超过50吨级，推力的限制对飞行速度、飞行目的地甚至发射时间都产生了较大影响。推力有限的问题成为载人火箭需要解决的一个大问题。除研制重型载人火箭采用大直径芯级、大推力无毒推进剂发动机来增加火箭推力及运载能力外，不少人都曾设想能突破化学能推进的限制，转而借助其他方式来推动火箭，如采用核能推进甚至反物质推进等来实现火箭速度、性能的突破。

当然，加大推力，提高运载能力还有一个比较可行的途径，即通过空间交会对接技术，将火箭的不同部段先后发射到某一轨道，然后进行组装，火箭组装好后再进行点火发射。由于可以受到较小的地球引力影响，这种方式相应提高了火箭推力，在一定程度上增加了火箭运送载荷的能力及飞行距离。

浩瀚宇宙，深不可测。我们有理由相信，随着科学技术的不断发展，拥有先进性能的未来载人火箭必将成为一种普通的星际航行手段。人类凭借载人火箭在月球上建造活动基地，在火星上建立移民区，建造大型空间站、空间太阳能电站，开展太空旅游，开发太空稀有资源必将成为现实。

96 中国计划何时建造空间站？

根据载人航天工程三步走计划，到 2020 年前后，中国将在太空建立长期有人照料的由 20 吨级舱段组成的空间站（下图），开展较大规模的空间科学技术试验和应用研究。

中国空间站设想图

97 中国为什么要建设海南发射场？

中国经过几代航天人的努力，建成了酒泉、西昌和太原三个卫星发射中心，具备了一定的航天发射能力、发射水平和发射规模，为中国航天事业的发展作出了重要贡献。随着中国航天事业的发展，单靠这些发射场已不能满足中国航天事业发展的需要：铁路运输限制了大型运载火箭的发展，高纬度损失了部分运载能力等。为了解决这些矛盾，中国正在海南省文昌市建设新的航天发射场（下图），以充分利用当地纬度低和交通便利的优势，促进新型大推力运载火箭的发展，扩大商业发射市场，带动航天旅游产业，提高发射场的整体经济效益。

海南航天发射场预想图

98 人类能在太空长期生存吗？

在外层空间的严酷环境中，人能够长期生存吗？如何维持航天员最基本的生存需求？这是人类梦想飞出地球首先要解决的问题，它必然涉及到环境控制与生命保障系统，简称环控生保系统。在半个世纪的航天实践中，科学家们研究了许多种环控生保方案。

如今的航天员，已经能够在空间滞留几天、几十天乃至半年、一年。他们所需的食物、饮水和氧气是如何解决的呢？如果空间飞行持续时间短，航天员人数较少，几个人所需要的一切生活必需物品，都可以在发射时一次性从地面带上去。因此，飞船要用较大的体积来携带航天员的生活必需品，当前中国的神舟号飞船就是采用这种方式。和平号空间站、国际空间站长期留在空间，为了给航天员提供生活保障用品，一般采用定期发射货运飞船的方式来补充必需品，这种方式形成的环控生保系统，称为补给式环控生保系统。显然，这种环控生保系统只需考虑建造一个环境温度、湿度、空气压力和成分受到精确控制的密闭生活空间，其他生活必需品由地面运来。但是仅依靠地面携带或补给生活必需品，是无法维持人的更长期空间生存的。于是，一种再生式环控生保系统方案被提了出来。

利用化学或物理方法在空间进行氧气制备，解决呼吸需要的氧气问题；把废水、废液包括人体排泄的汗和小便，都重新收集起来，经过净化再生后再利用，甚至作为航天员的饮用水，这就是再生式环控生保系统。这种方案已经部分实现，有些技术已经相对成熟并逐渐得到应用，但是，它仍无法保障更长时间的太空飞行和地外永久居留的食物供应问题。

科学家们总有数不尽的奇思妙想，对未来的太空生命保障系统也提出了种种设想（图1）。受到地球自然生物环境的启发，他们提出了一个理想的"受控生态生命保障系统"概念（图2）。生物世界是一个奇妙的世界，地球上的生物链和谐地保持着一个合理的动态平衡。那么，人类为什么不可以在航天器上，在未来的月球站或火星站上，人工构建一个"小地球"呢！理想和现实有多远的距离？受控生态生

命保障系统如何实现？这成为科学家们探索的目标，也是人类航天应用技术中的前沿领域。科学家们正为实现这一目标而不懈地努力着。

那么，受控生态生命保障系统到底能不能实现呢？科学家们自信地说："那是完全可能的！"理论上认为，在外太空，一个密闭的人、动物、植物和微生物的共居系统中，只要有光能的驱动，有可能做到氧气、水和食物等物质的平衡循环。绿色植物利用光能，吸收二氧化碳和水，生产出碳水化合物和其他一系列有机物，如最基本的糖、蛋白质和脂肪等，并释放出氧气，作为

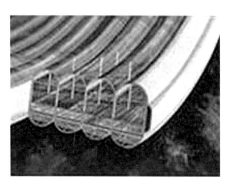

图1　科学家设想的未来太空生命保障系统

图2　未来空间受控生态生命保障系统

人和动物赖以生存的食物、氧气；动物则为人提供动物性食物，人和动物的代谢排泄物、呼出的二氧化碳供植物所需；微生物在这个系统中可以分解植物残留物、人和动物排泄物，净化水，达到物质的循环再利用。

但是，在太空中，人、动物、植物和微生物会有什么反应？能否与在地球上一样做到生态平衡？在有限的空间中，选择什么样的动物、植物和微生物，才能做到有效的搭配和高效率的物质循环，并满足生活在其中的人的生存需要？这是科学家们需要思考的问题。一个动态的复杂生态系统，需要人们对系统中的每一个成员、每一个环境因素的供、受关系有精确的认识和掌握。美国曾经在沙漠上建立过一个大型封闭系统“生物圈 2 号”（图 3），在里面种上精心挑选的 3 500 种植物，放养了猪、羊、鸡等 300 种动物，以及昆虫、微生物，然后把人这个重要成员也放进去，断绝外界的任何供给，看那个系统内的所有成员能否正常生存下去。遗憾的是，该实验以失败告终。这也说明，要将生命长期融入太空，绝非简单的事情。

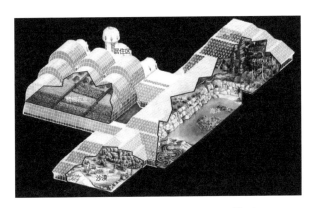

图 3　美国建造的“生物圈 2 号”模型

99 人类能在太空自由生存吗？

在人类航天发展过程中，一个最直接也是最迫切的问题就是，如何获得人在太空自由生存的条件？我们不能变成永远呆在保护壳里的弱者，而要成为太空的自由人。实现这一目标，也许还有漫长的历程，但我们不能等待，对于这一问题，需要有人去不断探索，寻找解决问题的方法。方法源于认知，这又回到了老话题：摆脱地球约束，去重新认识太空特殊环境，发现与建立那个环境中生存与发展的规律。

有人提出，在空间构建一个模拟重力环境（下图），以便于人能够像在地面一样行动自如。可是如何去应对空间的强辐射，保护自身生命及生命的延续呢？如何去开拓一个能够自给自足、长期居留太空的生态环境呢？我们距离科学家设想的太空密闭受控生态系统还有多远？即使解决了太空密闭受控生态系统问题，人们岂不是仍然还在人

理想自由太空的幻想模型

造的保护壳里吗？人类能不能把火星那样的行星改造成第二个地球呢？再进一步设想，人类能不能从自身机能上进行改造，去适应太空环境呢？如果能够实现的话，那么人又将是什么样子呢？地球文明会在宇宙间延续吗？

更具有前瞻性的课题是人类航天是否可持续发展的基础理论研究，以及深化对物质世界基本规律的认识。谈到这个论题时，人们感觉这近乎于科学幻想，但是往往一个发明、一项创造的灵感，正是来源于原始的幻想。美国航空航天局有一个机构，专门收集世人的奇思妙想，并给予幻想者奖励。他们把长期积累的各种奇思妙想建成数据库，以期在未来的航天发展中得到启发，孵化出新的科学建议和技术发明。

100 人类能实现太空移民吗？

人口剧增，地球上有限的资源被过度使用，地球和人类生存环境持续恶化，不可预知的天外来客的袭击（巨型流星体的撞击）等，无不让地球人类时刻担忧。早在载人航天起步和发展时期，一些科学家就提出一个大胆的设想，即开辟人类第四生存环境，建立地外生存基地，实现太空移民。密闭生态循环系统的实现与否，成为能否实现人类幻想的决定性因素。许多科学家根据自己的灵感，设计出了一幅幅充满奇思妙想的太空移民基地蓝图（下图）。

(a) 美国科学家月球基地构想

(b) 设想中的火星别墅

(c) 能容纳百万人的奥尼尔3号岛太空城

科学家的灵感——形形色色的太空移民蓝图

人类登上月球已经 40 多年了。在中国的探月规划中，三步走的计划也已经迈出了第一步。在月球探测设想中，一些国外科学家不但绘制了月球基地蓝图，而且进行了基地选址。

火星有着与地球比较接近的环境，存在稀薄的大气，有四季分明的气候。有人认为，火星移民似乎是有希望的。移民火星最大的难题，是如何在火星上建造长期生存的火星基地。因为要想从火星返回地球，必须等到地球与火星之间到达一定的相对位置，这个等待时间大约为 450 天。因此，在火星上建造一座让航天员生活居住长达至少 15 个月的"火星别墅"，是火星移民的首要问题。尽管有科学家提出先期派遣一支机器人团队去建设火星站，然后再派人登陆火星，但是航天员长时间的生活补给如何维持，是一个难以解决的问题。在火星建设火星站，显然是一项浩大的综合性工程，其中密闭生态循环系统将是工程的核心。

路漫漫其修远兮，吾将上下而求索。人类一直执着地对未知进行着探究。各国科学家们在幻想建设地外太空城的同时，也把眼光聚焦在生命现象的微观世界上，重新检查自身认知的缺陷，以弥补不足，然后勇往直前。

参 考 文 献

[1] 邸乃庸 . 中国载人航天科普丛书：梦圆天路——纵览中国载人航天工程 [M]. 北京：中国宇航出版社 .2011.

[2] 陈善广 . 中国载人航天科普丛书：飞天英雄——追踪航天员飞天足迹 [M]. 北京：中国宇航出版社 .2011.

[3] 顾逸东 . 中国载人航天科普丛书：探秘太空——浅析空间资源开发与利用 [M]. 北京：中国宇航出版社 .2011.

[4] 戚发轫，李颐黎 . 中国载人航天科普丛书：巡天神舟——揭秘载人航天器 [M]. 北京：中国宇航出版社 .2011.

[5] 黄春平 . 中国载人航天科普丛书：通天神箭——解读载人运载火箭 [M]. 北京：中国宇航出版社 .2011.

[6] 周凤广，徐克俊 . 中国载人航天科普丛书：戈壁天港——走进载人航天发射场 [M]. 北京：中国宇航出版社 .2011.

[7] 钱卫平，吴斌 . 中国载人航天科普丛书：碧空天链——探究测控通信与搜索救援 [M]. 北京：中国宇航出版社 .2011.

[8] 石磊，左赛春 . 神舟巡天：中国载人航天新故事 [M]. 北京：中国宇航出版社 .2009.

[9] 吴国兴 . 太空行走：航天员出舱活动揭秘 [M]. 北京：中国宇航出版社 . 2008.

[10] 《揭秘"天宫"》编委会 . 揭秘"天宫" [M]. 北京：中国宇航出版社 . 2012.